JN093159

伊谷原一×
三砂ちづる

ヒトはどこからきたのか

サバンナと森の類人猿から

亜紀書房

ヒトはどこからきたのか――サバンナと森の類人猿から　目次

3 さまざまな施設をつくる 77

4 研究者になるなんて思ってなかった 93

5

チンパンジーの集団を育てる　143

6

霊長類とヒト　181

まえがき

人間はどこからきたのだろう。この本の語り手、霊長類学者、伊谷原一さん（以下、原一さん、と書く）は、今、その質問にどこまで答えられ、どこは答えられないのか、をおそらく一番よく説明してくれる人である。

今西錦司氏の弟子であり、原一さんの父親である伊谷純一郎氏らが主導し、のちに世界に冠たる分野となる日本の霊長類学の創成期から、生態人類学の発展、アフリカフィールド調査の広がり、そして二〇二二年の京都大学霊長類研究所の終焉まで、それらを原一さんは一番近くで見てきた。見てきた、というよりすべてのプロセスの中にいた、という方が正しいか。日本の霊長類学は愛知県犬山市のモンキーセンターから始まる。原一さんは、モンキーセンター設立期に犬山で生まれ、のち、今西錦司を近所のおじさんとして、京都の山を駆け回りながら育つ。

洋画壇の重鎮であった祖父、伊谷賢蔵（いたにけんぞう）、京都大学教授の父、伊谷純一郎。まっとうに反発、まじめにグレたりしてみるものの、血は争えない。結局、大型類人猿ボノボの研究者となり、コンゴ民主共和国、タンザニアでディープなフィールドワークを毎年積み重ねながら、現在は、京都大学野生動物研究センターを率いる。犬山のモンキーセンター所長でもある。彼の人生は、そのまま、日本の霊長類学の歴史である。

原一さんには、二〇代半ばに沖縄で会った。琉球大学に生態人類学の拠点の一つが存在していた、一九八〇年代半ばのことだ。お互い若く、研究者になれるとも思っていなかったし、学ぶ分野も違うが、人間について抱いている問いに、共通項があると感じていた。結果として、双方、研究者となり、アカデミアを拠点とする仕事も終焉に近づく年齢となった今、人間はどこからきたのか、どこまで研究してきたのか、真っ向から聞いてみたかった。

答えは実に刺激的であった。原一さんに質問し続けている本となっているが、個人的な問いを超え、霊長類学に興味をもち、人間とは何か、を考えている方々への贈り物にもなりうるのではないか、と思う。楽しんでいただければ幸いである。

三砂ちづる

＊本書に掲載されている写真は、とくに断りのないものについては、伊谷純一郎アーカイヴス（https://jinrui.zool.kyoto-u.ac.jp/archives/itani/index-j.html）と伊谷原一の撮影による。

1

ヒトと類人猿の祖先がきたところ

10 ヒトと類人猿の共通の祖先が生まれたところ

三砂 まずお聞きしたかったのは、サルからヒトへの進化がどこで起きたのかということです。通説としては、森林からサバンナに出たことで二足歩行が始まり、ヒトに進化したことになっていますが、伊谷さんはそうは思っていらっしゃらないんですよね。

伊谷 類人猿の祖先が森林で生まれたという解釈自体は正しいと思います。問題は、彼らがひらけたところに出てきたことでヒトになったという仮説がまかり通っていることです。ヒト上科の化石は森の中からまだ一個も出てない。

「アフリカにおける人類及び猿人類化石の出土地」の図を見てください。四角の印が人類、つまり二足歩行をしていたと考えられる種の化石が出土した場所です。丸印が類人猿の化石の出土地です。どちらも乾燥帯で、熱帯多雨林から化石は出ていません。古生物学者（または古人類学者）は、熱帯多雨林で化石が出ないのは土壌の湿度が高く微生物の活動が活

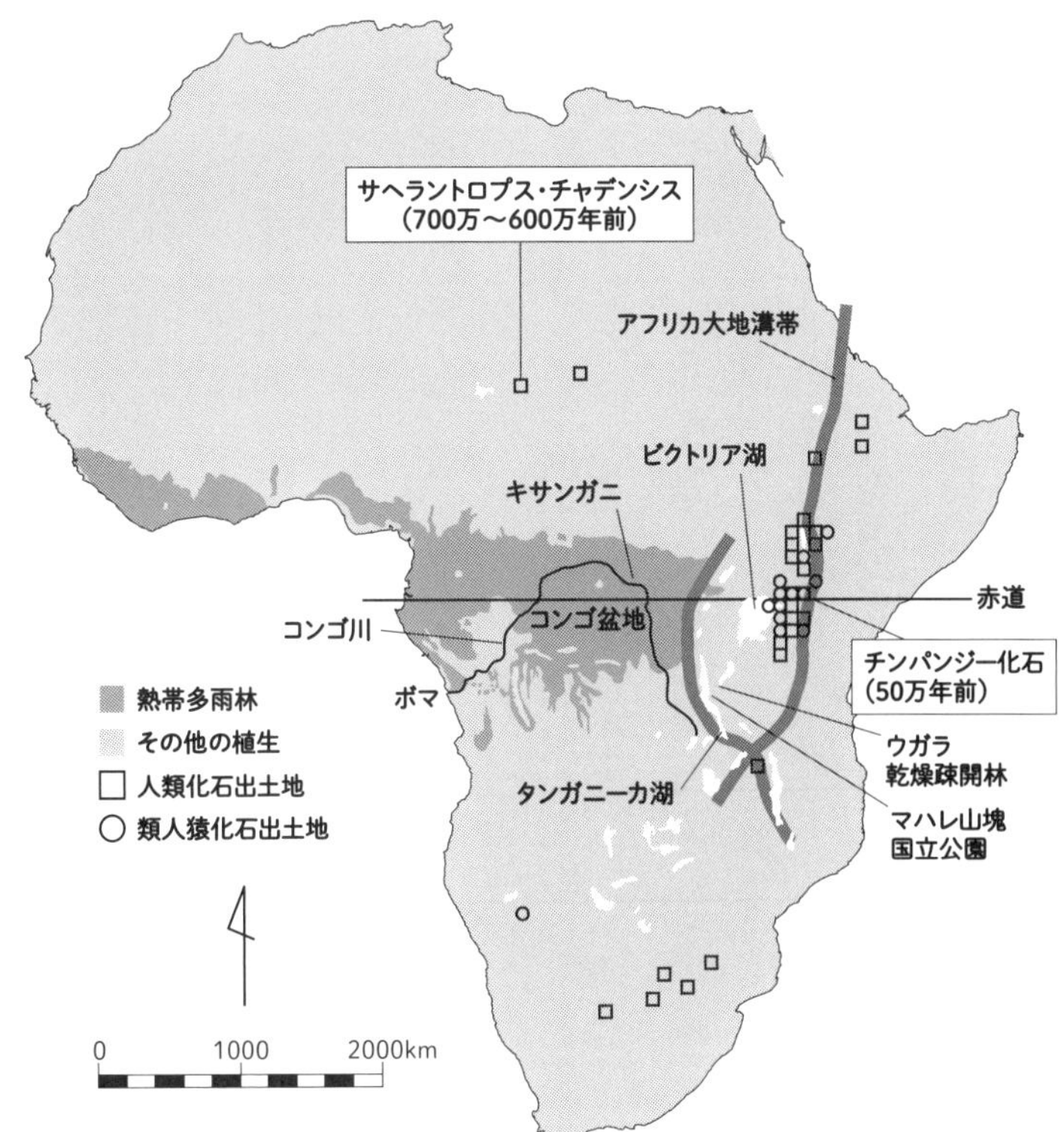

アフリカにおける人類及び類人猿化石の出土地(「科学」2012年2月号)

発なため、骨などがすぐに分解されてしまうためだと言います。化石が残らない以上、化石が出てこないのは当然かもしれません。そのため、熱帯多雨林では発掘が行われてこなかったのです。どこを掘っていいかもわかりませんし。

類人猿とヒトは約七〇〇万年前に共通祖先から分かれて進化してきました。七〇〇万年かけて一方は現生のヒトになり、他方は現在のチンパンジーやゴリラになった。だとしたら、それはどこで、どのような過程を経て起きたのか。現在の類人猿はすべて森に生息しているので、分岐点は森にあると多くの人は言います。でも、チンパンジーの化石も、カラカラの乾燥帯から出ている。つまり、チンパンジーが乾燥帯に生息していた証拠が出ています。食料が豊富な森から食物の少ない乾燥帯にわざわざ出て行ったのはなぜなのか。

三砂　普通に考えたら、そんなことしませんよね。

伊谷　だとすると、そもそも乾燥帯にもチンパンジーがいたのではないかという仮説が立てられます。類人猿やヒトの共通祖先は乾燥帯、あるいは森と乾燥帯の境界あたりで生息していて、ヒトの祖先はそのまま乾燥帯に残り、猿人類は森に入り込んだのではないか。私はヒトが乾燥帯にいられたのは、肉食が始まったからだと思います。移動しながら植物を採集していたのが、動物タンパク質に依存できるように進化したからこそ、乾燥帯で住み続けることができたのではないでしょうか。

ただし森に棲むチンパンジーは、狩猟して肉食をします。ヒトと類人猿の共通祖先は、森と乾燥帯の境界あたりですでに肉食をしていて、その行動は森のチンパンジーにも引き継がれたのかもしれません。

では類人猿はなぜ乾燥帯やその境界から森に移動したのか。一つ考えられるのは、レフュージュ（refuge・避難）を余儀なくする何かが起きたために、森に逃げ込んだということです。その後、類人猿たちはそれぞれの地域で独自の進化を遂げ、アフリカ中央部ではボノボに進化し、周辺地域ではチンパンジーとゴリラに分かれていったのではないか。これがいま私の考えている仮説です。それを支持する証拠はまだないのですが。

三砂　定説は、どうなっているのですか。

伊谷　一九八〇年代にフランスの人類学者のイブ・コパンが、八〇〇万年前にアフリカ大地溝帯の活動が活発化して山が隆起し、熱帯多雨林に住む猿人類の祖先がこの山を境に東西に分かれたと唱えました。西側にいた類人猿の祖先は森の中にいて現在のアフリカ類人猿になったけど、東側は大地が乾燥し始めた。その環境に適応すべく二足歩行するようになったのが、人類の祖先なのだと[*1]。

---

*1　イブ・コパンが唱えたアフリカの大地溝帯の東側でヒトが生まれたという説は、ミュージカルの「ウエスト・サイド・ストーリー」をもじって、「イースト・サイド・ストーリー」と呼ばれる。（Y.Coppens, *Scientific American*, 270, 1997）

たとえばボノボ。DNA鑑定の結果では現在のコンゴ民主共和国の北東から大陸中央部に入ってきたと言われていますが、あくまで一部の見解です。現在、多くの類人猿はアフリカ中央部の熱帯多雨林（コンゴ盆地）に暮らしていますが、コンゴ盆地はコンゴ川という大河とタンガニーカ湖に囲まれ、動物たちの移動を阻んでいます。周縁部から中央の森に入るためには、コンゴ川という大河を渡らなければならないのです。大陸東部で誕生した類人猿の祖先が西側の森に入るためには、地理的に見てタンガニーカ湖の南をぐるっと回るしかない。タンガニーカ湖の東側（大地溝帯の東側）には現在もチンパンジーが棲んでいますが、彼らは森に入れず乾燥帯に取り残された類人猿祖先のレリック（lelic・遺物、残存生物）なのかもしれません。類人猿の祖先がどのルートで中央部の森に入ったかは証拠がないのでわかりませんが、少なくともヒトと類人猿の共通祖先は森の中で誕生し、乾燥帯に出た祖先がヒトになった、という従来のおとぎ話のような説は否定されるべきだと思っています。

三砂　その説は研究者の間で、どの程度支持されているのでしょう。

伊谷　人によって考えることは違いますからね。

　東大の諏訪元さんが唱えるのは、ホームベース説（石田ほか編『人類学と霊長類学の新展開』金星舎、二〇〇二年）です。彼は四四〇万年前の人類「アルデピテクス・ラミダス」をエチオピア北東部で発見しました。ラミダスは他の人類に比べて樹上適応度が高かったことがわかった。そこから、類人猿の祖先たちはパッチ状に点在する森をホームベースにし、周囲の乾燥帯を利用していたのではないか、という説を導いたのです。彼はアフリカ大地溝帯が類人猿の分布を東西に分断したという証拠がないこと、約八〇〇万年前の東アフリカは森林や草原など多様な植生が存在していた可能性が高いこと、そして初期人類が必ずしもひらけた環境に適応していたわけではないとして、コパンの説を否定しています。いわゆる「森から出ていった」と「そもそも乾燥帯にいた」の中間のような説ですね。

三砂　いま乾燥帯で化石が見つかっている類人猿はチンパンジーだけなのですか?

伊谷　チンパンジーだけです。東アフリカ・ケニアのヴィクトリア湖北東、トゥーゲンヒルズというきわめて乾燥した地域で、約五〇万年前のチンパンジー化石が発見されています（S.McBreaty & N.Jablonski, Nature, 437, 2005）。ゴリラやボノボの化石は出ていません。乾燥帯では、西のセネガルとマリの国境付近と東のタンザニア・ウガラ地域にチンパンジーが現生しています。両地域にはフォンゴリ川とウガラ川という川があり、川や支流沿いに低木林や川辺林が点在するおかげでチンパンジーが生きていけるのだと思います。だとすると、類人猿祖先が大陸西側から中央の森林に侵入したルートもあり得ます。言い換えれば、東西の乾燥帯でわたしたちの祖先の分岐が起こったとしてもおかしくはありません。

三砂　先ほどの「パッチ状に点在」という説が近いということですね。

伊谷　そうですね。そのことをさらに強く思わせるのが、いま私が調査を始めたバリ（コンゴ共和国）というボノボの観察地です。三砂さんもバリには行かれましたよね。バリは熱帯多雨林とサバンナの境界域です。たしかに森は大きく広がっていますが、ボノボは森に隣接するサバンナにも出てくるんですよ。つまり、類人猿が森にしか適応できなかったというのは考えにくくなります。それに、ボノボってものすごく上手に二足歩行をするんですよ。チンパンジーやゴリラしか見ていない研究者の多くは気づきにくいのですが、かれらは普通にスタスタ、人間のようなストライド歩行で歩きます。それはなぜなのか、ってことですよ。ずっと森にしか棲んでいないやつらが、なぜそんな歩行姿勢をとるのか。

三砂　森の中にしかいないのなら、ストライドで歩く必要はないということですね。

伊谷　しかも、ナックルウォーキング（指を丸めて第一関節と第二関節の背側を地面につけて歩く）をする理由もわかりません。そんな歩き方よりも、ニホンザルのように掌をついて歩くほうが楽だし、樹上では安定するはずなんですよね。

三砂　どんな類人猿がナックルウォーキングをするのでしょう。

伊谷　アフリカの類人猿は全部します。

三砂　アフリカの類人猿以外のサルは、ニホンザルスタイルなのですか？

二足歩行するボノボ

伊谷　四足歩行で、樹上でも地上でも掌をつきます。ところが、アフリカの類人猿はチンパンジー、ゴリラ、ボノボのすべてがナックルウォーキングなのです。アジアの類人猿・オランウータンだけはフィスト歩行（手の甲をつけて歩く）です。いったいなぜなのか。チンパンジーもゴリラもボノボも頻繁に二足立ちになるし、何かの拍子に二足歩行をすることもあります。四足歩行のときはナックルになる。他のサルは掌をついて歩くのに。

これは私の憶測ですが、かれらの共通祖先は立ち上がっていた時期があったからではないでしょうか。四足歩行だったのが、あるとき何かがあって立ち上がった。でもその後、森に戻らねばならない理由が生まれ、四足歩行のほうが都合よくなった。ブッシュの中を歩くには、二足歩行より四足歩行のほうが圧倒的に楽で歩きやすいですからね。

三砂　枝の下をくぐったり、ブッシュの中に潜ったりしますしね。

伊谷　それでニホンザルのような四足歩行ではなく、ナックルウォークになったのではないか、と。私は骨格を細かく検証したわけではないので、詳しくは形態学者に譲りたいですが。

三砂　それは、観察したうえでの直感なのですね。

伊谷　そうですね。彼らの祖先は一度立ち上がっていた可能性がある。アフリカの類人猿の共通祖先がかつて二足歩行をしていたから、彼らもその歩き方を受け継いだのではないかと、観察していて思うようになったのです。

三砂　その共通祖先から、二足歩行だけを行うようになった種がヒトになり、何らかの理由で森に戻った類人猿がナックルウォーキングをするようになった、と。ずっと二足で歩いていたのが、突然四足歩行になることってないですものね。

伊谷　そう思います。ヒトとは違う何かが起きた。何が起きたのかはわかりませんが。

三砂　アフリカ類人猿のナックルウォーキングの理由としては、どんな説が一般的なんですか?

伊谷　ヒトの直立二足歩行に至る経緯については、類人猿の行動をモデルにした垂直木登り説や非伏位型樹上行動説、森林から開けた環境への適応に基づく起立行動説、運搬行動説、温熱負荷説、エネルギー効率説など、数多くの仮説が出されています。これまでの有力な仮説の一つは、ヒトの祖先はナックルウォーキングを経て二足歩行へと移行したという「ナックルウォーキング仮説」です。一方、最近の研究では二足歩行がナックルウォーキングではなく、「普通の四足歩行」（掌をつける）をする類人猿から進化したというものです。

そうなると、ナックルウォーキングや二足歩行は掌四足歩行からそれぞれ独自に進化したと想定されますが、別の見方をすれば掌四足歩行から二足歩行にいったん進化したあと、何らかの事情で四足歩行にもどった時にナックルウォーキングになった、とも考えられます。

三砂　私が師事する運動科学者、高岡英夫さんのトレーニングの一つに、立ち上がった姿勢から四つ足になるトレーニングがあります。その姿勢はまさにナックルウォーキングです。中心軸を保つ姿勢から四つん這いになろうとすると、自然にナックルになるし、掌をつく形になりません。

伊谷　陸上の短距離走のスタートもそれに近い姿勢になりますね。これはナックルではなく、親指と人差し指ですが。あとはお相撲さん。つまり、立ち上がりやすい姿勢なんですよ。ただ、それがナックルウォーキングとどう関連するのかが、まだ証明できていなくて。

三砂　ナックル姿勢のほうが立ち上がりやすいし、立ち上がって四つん這いになろうとすると、ナックルになる。立ち上がっていたところから四つん這いになるときに掌をつくと、立ち上がる姿勢が崩れますからね。

伊谷　そう。力の入るところが変わりますからね。アメリカン・フットボールのフォーメーションもそうですよね。

三砂　なるほど。類人猿も同じように一度立ち上がって、その後何かの必要があって四足歩行に戻ったのではないかと、伊谷さんは仮説を立てているのですね。

伊谷　ニホンザルなどのオナガザル科がやっている四足歩行は、アフリカの類人猿ももともとやっていたはずです。そこから何かのきっかけで立ち上がったやつがいた。そしてまた何かが起きて四足に戻ったときに、それまでの歩き方ではなく、ナックルウォーキングになった、そう考えられないかと思っているんです。

ヒトと類人猿を分けるもの

伊谷　ただ、この問題についてはいろんな説があるのでむずかしいんです。動物を見ると、わたしたちは「四本足」だと言いますよね。でもチンパンジーを「四本手」だと言う研究者もいます。物をつかめてグリップできるから、足ではなく手なんだ、と。動物の形態を調べていくと、変なやつがいっぱいいるんです。馬には蹄(ひずめ)がありますが、これは実は中指で、ほかの指は足のずっと上のほうにある。馬は中指一本で立っていることになります。

そのように形態的な違いは種によってさまざまあるのですが、類人猿というくくりで注目すると、やっぱりおかしいのです。

現在わかっている最も古い人類化石は、約七〇〇万年前のチャドの地層から出土したサヘラントロプス・チャデンシスで、それより古いものは出ていません。かつては約三七〇万年前のアウストラロピテクス・アファレンシスが最も古いと言われていましたが。その後、A・アフリカヌス、パラントロプス・ロブストスやP・ボイセイ、P・エチオピクス、さらにはA・アファレンシスよりも古いアルデピテクス・ラミダスなどいろいろと出てきました。サヘラントロプスよりも古いものとしては、約九〇〇万年前のサンブルピテクスの化石がありますが、実はそれは類人猿なんですよ。

三砂　人類ではなくて?

伊谷　そう。京都大学名誉教授の石田英實(いしだひでみ)さんが発見した九〇〇万年前の化石、サンブル・ホミノイドで、かれらは四足歩行だった証拠がある。

三砂　そもそも、類人猿と人類の差ってなんですか?

伊谷　一番の基準は四足歩行か二足歩行かですね。

三砂　じゃあ化石が出土した際、それが類人猿なのか人類なのかを決めるのは、四足歩行していたか二足歩行していたか、ということなのですね。

伊谷　そうですね。形態学者はそれを重要な同定基準としているようです。足と骨盤を見ると歩行様式がわかるらしい。

三砂　二足歩行していれば人類。

伊谷　そう、人類(mankind)の仲間。四足歩行だったら類人猿(ape)ということになる。

三砂　ボノボの化石が出たら、それは四足歩行の化石ということになるわけですか?

伊谷　四足歩行ですからね。当然そうなる。

三砂　先ほどから問題となっている「たまに二足歩行していたかどうか」は、骨では判らないのですね。

伊谷　まれに二足歩行しているだけでは骨の形態に違いがでないでしょうね。常時二足歩行している場合と四足歩行している場合とでは、骨の形態がまったく違いますから、それは明確に判別できますよ。ただし猿回しの猿なんかは、二足歩行のトレーニングを受けるうちに、背骨が人間のようにS字に変形してくるそうですが。

ともあれ、形態学者たちは人類と類人猿を骨の形態や骨格で分けている。ただ、人類学的にチンパンジー、ゴリラ、ボノボといった類人猿はヒトだという人もいるからね。類人猿はニュージーランドでは人権を持っているとされているんじゃないかな。チンパンジーを殴ったりすれば、暴行罪で捕まって罰金を科される（笑）。

三砂　それはまた別の話。

伊谷　そうですね。それは動物福祉の倫理問題ですが、そういう枠で捉える人たちもいるから、ヒトと類人猿の境界線を論じるときは、この分野ではこうです、と限定しないと、ものすごく幅が広くなってしまうのです。

三砂　なるほど。化石の場合は、二足歩行か四足歩行かを形態学者が判断し、継続的に二

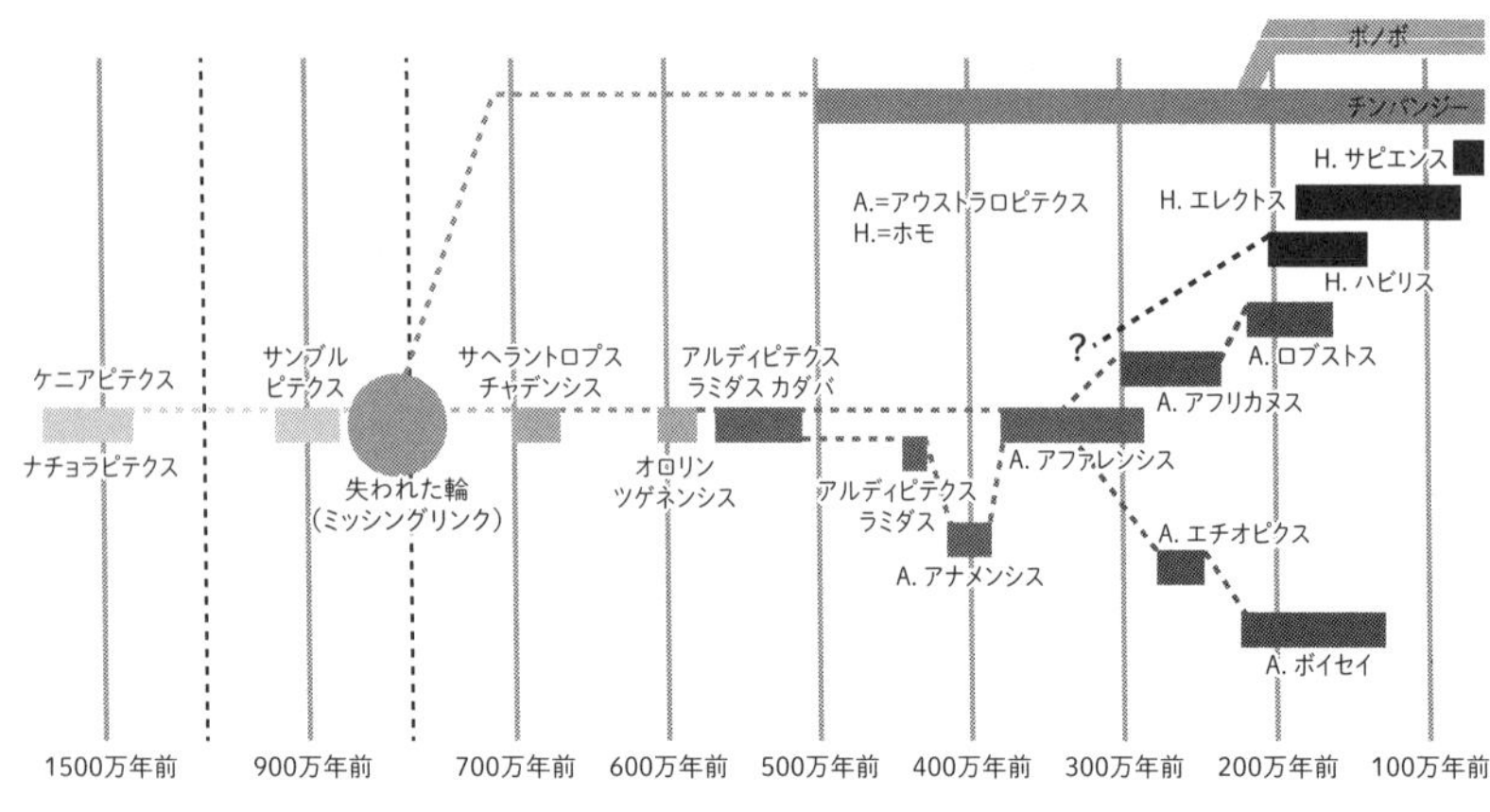

初期人類化石系統樹

足歩行をしていたものなら人類と分類される。で、さっき話に出たサンブル・ホミノイドは類人猿と見なされた。

伊谷　それが九五〇〜九〇〇万年くらい前の化石なのです。完全に人類と見なされていたアルデピテクス・ラミダス、アウストラロピテクス・アナメンシスなどは、約四〇〇万年前の化石です。そうしてどんどん古い人類化石が出土していたところに、サヘラントロプス・チャデンシスが出てきて、七〇〇万年前が最も古い人類化石ということになった。

類人猿最新の化石がサンブル・ホミノイドで九五〇年万年前。人類最古の化石サヘラントロプス・チャデンシスが七〇〇万年前だから、その間に二五〇万年の空白期間があることになります。いわゆるミッシングリンクというやつですよね。これでもかなり縮まったんです。昔はミッシングリンクが六〇〇～八〇〇万年間ありましたが、次々と化石が発見されたことによって縮まり、今二五〇〇万年までできた。その間にいったい何が起こったのか。

二五〇〇万年というのは、何かが起こるには十分な時間です。ボノボとチンパンジーが分かれたのが二〇〇万年前頃ですし、ホモ・ハビリスは二〇〇万年前には生存していました。化石人類の一つホモ・ハビリスからどんな道をたどってわれわれ現生人類になったのかはわかりませんが、これだけ異なるものになったわけですから、生物の性質を変化させるのに二〇〇万年は十分な時間なのです。つまり、空白の二五〇〇万年間におそらく何かが起こった。でもそれが何だったかはわからない。

三砂　その間にヒトは立ち上がったんじゃないでしょうか。

伊谷　そう、おそらくその間に一方は二足歩行するヒト系統に進化し、もう片方が類人猿系統に進化、さらにその中からゴリラ、チンパンジー、ボノボに分かれていった。

三砂　で、その時点ですでに、いずれも立ち上がった経験を持っていた、と。

伊谷　共通祖先はすでに立ち上がっていて、人類系統に進化したものは立ち上がったまま行動し始めたけれど、類人猿の系統に進化したものは、迫害や圧力を受けたのか、気候変動、地殻変動が起きたのか、何かヒト系統とは違う要因によって、四足方向に戻らざるを得ない環境に戻された。

三砂　その戻った環境が森である、というのが先ほどの仮説ですね。広いところにいるのなら、二足のままでいいですから。

伊谷　そうですね。広い場所では立ち上がったほうが見通しがききますからね。一方で、森の中で立ち上がるというのはものすごく歩きにくいですからね。

いわゆるピグミー、コンゴ東部に住むムブティとかエフェ、トゥワと呼ばれる人々は、平均身長が一四〇～一四五センチほどでとても小さい。私は一七〇センチ程度なので高身長ではありませんが、彼らからしたら大男です。現地に滞在していた頃、森に入る彼らについていったところ、私は彼らの邪魔になるのなんのって。匂いが違うし、デカすぎて目立ってしまうんです。

三砂　彼らはいまもそれぐらいの身長なんですか？

伊谷　純粋なピグミー[*2]はそうですね。周囲の農耕民との間にハイブリッドが生まれていますけれど。基本的に先住の狩猟採集民は背が低いのです。サンにしろ、ムブティやエフェにしろ。タンザニアにいるハッツァやサンダウェも低身長です。

三砂　背が低いというのは、森の生活に適しているということですか。

伊谷　森やブッシュという生活環境に適応した結果だと思います。サバンナでも、身長が高いと獲物をとるとき目立ってしまって邪魔ですよね。地上に近いところにいるほうが目立たないから小さいほうがいい。つまり、森への適応にはなんらかの形態的変化がつきまとうということです。ヒトの場合は、それが小さいままで大きくならない、という選択だったけれど、動物の場合はできる限り素早く森の中で移動できるよう、四つ足を進化させたと考えることができる。チンパンジーなんて、走るのがすごく速いですから。樹上でも速い。枝の上をナックルで走るんだから、信じられませんよね。

三砂 枝などを握っていないわけですね。

＊2　ピグミーは身長が一五〇センチメートル以下の人々の総称。アフリカと東南アジアの熱帯雨林に暮らす狩猟採集民。アフリカではムブティ、エフェの人々を指す。またブッシュマン（サン人）も同じように低身長だが、彼らはサハラ砂漠に暮らす狩猟採集民。ピグミーもブッシュマンも差別的な言葉であるとする研究者もいるが、本書ではあくまでも総称として使用。

食べ物から考える

伊谷　われわれの祖先が、森からサバンナに出たことで二足歩行が始まり、ヒトに進化したのかという説を疑問に思う根拠の一つとして、先ほどの形態的要因に加えて、食べ物も関係していたのではないかと思うんです。動物の生息域を最も決定づけるのは食べ物ですからね。私だったら、食べ物の豊かな森から離れて、わざわざウガラ地域のようなサバンナ・ウッドランド（疎開林）に行こうとは思わない。ウガラのチンパンジーなんてかわいそうで、森に連れていってあげたいと思うくらいですが、食べ物のレパートリーとしては実はさほど変わらないんです。

三砂　というと？

伊谷　森のチンパンジーは季節ごとにいろいろな果実を中心に食べていますが、木がまばらにしか生えていない疎開林のチンパンジーは果実も食べれば葉っぱも花も、根っこだって食べる。植物の種類は少ないけれど、いろんな部位を食べるから、全体のレパートリーとしては森と変わらない。それでも森のやつらに比べると食物レパートリーは少ないですが。仮に類人猿がサバンナ・ウッドランドで誕生し、何らかの事情で森に入ったとするなら、乾燥帯より森の方が圧倒的に食物は豊富だし、おいしい果実もたくさんあることに気づくはずです。そうなると、あえて厳しい乾燥帯に戻る理由がなくなります。また、森のチンパンジーも葉や花や根やピス（髄）を食べますが、果実が多い時には見向きもしません。そう考えると、動物の分布や生息密度を決める要因は、やっぱり食べ物だと思います。

三砂　そして、そういう乾燥帯に残ったチンパンジーも、ナックルウォーキングするわけですよね。

伊谷　そう。

三砂　共通祖先が乾燥帯のサバンナにいて直立歩行をしていたとして、そのままサバンナに残ったものたちが直立歩行を保ったヒトになって、そうでないグループは森林に入ってナックルウォーキングをし、森林環境に適応したとすると、乾燥帯のチンパンジーはどうしてナックルウォーキングをする必要があったのですか？

伊谷　かれらも森がなければ生きていけないからです。

三砂　それでサバンナにパッチ状にある熱帯林とか川辺林が重要だという話になるわけで

すね。

伊谷　そうです。ウッドランド[*3]は乾季には木々がすべて落葉するのでベッドをつくれず、寝る場所が確保できない。チンパンジーは毎晩、樹上に枝や葉を折り込んで鳥の巣のようなベッドを作って寝ます。一度使ったベッドは二度と使いません。だから常緑の川辺林かパッチ林に入るしかないのです。

三砂　昼間はウッドランドをうろうろして、夜寝るときには必ず森林のあるところに移動するということ？

伊谷　そうですね。季節によっては森林には食べ物がなく、ウッドランドにはあるという場合もあるので、ウッドランドで食事をし、それなりに満たされたら森に戻っていくことも。つまり、乾季には乾燥帯のチンパンジーも、森まで戻って寝ています。でも落葉樹林が葉を落とさない雨季には、その必要がない。

三砂　ウッドランドに寝床を作れるからですね。

伊谷　木々が葉っぱをつけているかどうか、つまり寝床を作れるかどうか。これが彼らにとって非常に重要なのです。

木の上につくられたチンパンジーのベッド

三砂　とにかく葉っぱのあるところで寝る、と。

伊谷　暑い雨季はとくに気持ちがいいのでしょう。森の中よりはウッドランドのほうが風通しがいいですから。逆に乾季は寒いので、むしろ森林にいたほうがいい。乾燥帯に接する森には、必ずヒョウやライオンがいるから、チンパンジーにとっては非常に危険なのですが。

三砂　ヒョウとライオンって、森に近いところにいるんですか？

伊谷　もちろんサバンナに多いですが、とくにヒョウは木に登りますから森に近いところでよく見かけますね。ライオンはどちらかというと食べ物となる草食動物の多いサバンナに適応していますが。

三、四年前、川辺でヒョウに襲われたチンパンジーの遺体が転がっているのを見ました。最初は何にやられたのかわからなかったのですが、よく見たら、まわりはヒョウの足跡や爪痕だらけで。内臓だけきれいに食べられていました。残りはまた食べにくるつもりだったのかもしれませんが、結局ヒョウは戻ってこず、遺体は回収して土に埋めて標本用に骨にしました。

---

*3　ウッドランドは森より圧倒的に雨が少ない乾燥帯だが、雨季にはそれなりに雨が降るのでいわゆるサバンナよりは湿度が高く、河辺林や断崖林などが発達している。森とサバンナをつなぐ中間地点。

2

霊長類学から生態人類学へ

——動物、その社会学的研究

霊長類学が始まる

伊谷　日本の霊長類学[*4]はニホンザル研究でスタートし、その後アフリカ大型類人猿調査、タンザニアでのチンパンジー研究へと発展してきました。

三砂　類人猿の観察は、いつ頃から始まったのですか。乾燥帯でチンパンジーが発見されてからですよね。それまでは類人猿はすべて森にいると思われていたのでしょうか？

伊谷　日本の研究者がアフリカで類人猿の研究を始めたとき、もともとは森に住むゴリラが主な研究対象でした。ゴリラを探してウガンダなどさまざまなフィールドへ向かいましたが、当時は容易にアプローチできなかったし、政治的な問題もあって、なかなかむずかしかった。ちょうどその頃、一九六〇年にイギリス人のジェーン・グドール[*5]がタンザニアのタンガニーカ湖畔でチンパンジーの研究を開始します。日本の研究者はそれを聞きつけて視察に行き、これはすごい、と感激する。それでゴリラからチンパンジーに転換したのです。

三砂　日本の霊長類学創成期の研究者たちですよね。

伊谷　アフリカでの類人猿の研究には、前段階の日本国内での研究があります。それについて、お話ししておきましょう。

欧米の動物学は、基本的に行動学や生態学なんです。つまり、その動物が種として、何を食べてどんなことをしているのかを見るのが彼らの切り口です。それに対して日本の場合は、動物は社会を持っている、という前提でスタートしている。それは、動物学の草創期の学者たちの研究対象の変化に原因があります。

日本の動物学者たちが最初に研究対象にしたのは、農家で飼われていたイエウサギや奈良公園のシカでしたが、その後、これだけでは物足りない（つまり社会の比較ができない）ので宮崎県の都井（とい）岬のウマを研究しはじめる。当時京大の無給講師だった今西錦司（いまにしきんじ）さんと、その学生だった川村俊蔵（かわむらしゅんぞう）、伊谷純一郎（いたにじゅんいちろう）の三人がフィールド調査をした。都井岬には半野生のウマが群れていて、個体間に多様なインタラクションが見られ、そこに社会が形成されて

＊4　霊長類は霊長類目に属する哺乳類の総称。霊長類の中に、私たちヒトも含め、チンパンジー、ゴリラ、オラウータンを含むヒト科がある。ヒトに最も近いとされるボノボ、チンパンジー、ゴリラ、オラウータン、テナガザル類は、類人猿（ape）と呼ばれる。

＊5　ジェーン・グドールは野生チンパンジー研究のパイオニア。ジェーン・グドール・インスティチュートを主宰し、野生動物の保護に努めている。国連平和大使。著書には『希望の教室』など多数が出版されている。

いるだろうと考えた。しかし馬は足が速いので、人間が追いつくのはむずかしい。じっくり観察できないんです。あるとき調査に疲れて休んでいたら、サルの群れが尾根を越えて移動していくのが見えた。そこで「ああ、これだ」と、一気にニホンザルの研究に移行したのです。

三砂 動物学者たちが、サルの群れの観察に向かっていったと。

伊谷 群れで動いているということは、そこには当然社会が存在するであろう、と。そこでサルの生息地を探し、宮崎県の幸島（こうじま）にたどり着くのです。幸島にはニホンザルの群れがいましたから。これが一九四八年一二月三日、日本の霊長類学のスタートです。

その後どんどんサル研究は進み、幸島だけではなく、大分の高崎山や鹿児島の屋久島などへとフィールドを広げていきました。そこから八年間ほどの研究をまとめたのが、『日本動物記』（光文社、刊行は一九五四年から）です。今西錦司が中心になって、伊谷純一郎、河合（かわい）雅雄（まさお）らが初期のサル学の成果をわかりやすく一般向けに書いたんです。都井岬のウマ、高崎山や幸島のサル、奈良公園のシカなど、どんどん出していくわけですね。それが一区切りついたところで、もっと外にも目を向けようと、一九五八年には「アフリカ霊長類調査隊」を結成し、最初の隊員、今西錦司さんと伊谷純一郎さんを派遣します。アフリカの霊長類研究は、そこから始まりました。

ヴィクトリア湖
ルワンダ
ケニア
ナトロン湖
ブルンディ
エヤシ湖
アルーシャ
キゴマ
ウヴィンザ
タボラ
サガラ湖
ルグフ
ウガラ
ドドマ
インド洋
マハレ山塊国立公園
ムパンダ
タンガニーカ湖
ダルエスサラーム
ルクワ湖
スンバワンガ
D/Rワンゴ
タンザニア
トゥンドゥマ
ザンビア
100km
ニャサ湖
マラウイ

先ほど言ったように、ジェーンがタンザニアのタンガニーカ湖畔でやっているのを見て、日本の研究者たちも、ゴリラからチンパンジーに対象を変えました。その時にいたのが西田利貞（にしだとしさだ）、加納隆至（かのうたかよし）、伊沢紘生（いざわこうせい）。京大の自然人類学研究室で伊谷純一郎さんが助教授だった時の、いわば最初の教え子たちです。

彼らは隊を三つに分けました。一つはマハレ山塊（タンガニーカ湖畔）の西田さん、二つ目はもう少し東、内陸に入った乾燥帯と森が混在するルグフベイズン（ルグフ盆地）に伊沢さん、三つめがさらに東の乾燥帯ウガラ――加納先生と私がやったところですが――その三か所に散ったわけです。ちなみに、ウガラはアフリカ大陸におけるチンパンジー分布域の東限です。

当時の日本のお家芸は、動物の餌付け（えづけ）でした。野生のチンパンジーを餌付けして観察しようとしたんですね。ところが餌付けも何も、ルグフとウガラではチンパンジーの姿を容易に見ることができない。ときどき声が聞こえるし、いることはわかっているのですが、追跡が至難の業で。獣道にエサを置いてみたり、チンパンジーのコドモを手に入れておとりにしてみたり、いろんなことを試しましたがダメでした。加納先生など、ウガラに一年もの間入っていましたが、食べるものがなくて食料確保のため、ほぼ毎日釣りをしていたそうです。

そうこうするうちに西田利貞さんから、「マハレで見られるし、餌付けもできるぞ！」という吉報が入ったので、ルグフとウガラからは撤退し、調査地をマハレ一本に絞って、日本のチンパンジー研究が本格的に始まったのです。西田さんはもう亡くなりましたが、中村美知夫（なかむらみちお）さんという京都大学理学研究科の准教授のチームが今も研究を続けています。

1961年タンザニアにジェーン（右）を訪ねる。隣が伊谷純一郎

国立公園となったマハレ山塊

三砂　それが乾燥帯のチンパンジー研究ですか？

伊谷　マハレは乾燥帯ではなく、いろいろな植生が見られますが大半は森です。乾燥帯でのはじめての研究は、伊沢紘生さんと加納先生がルグフベイズンとウガラで行ったものです。加納先生はそのときの一年間の滞在から「西部タンザニアのチンパンジーの分布と生息密度」を書かれ、それが学位論文になりました。でも、ウガラでの調査は長期的な仕事にはなりませんでした。

先ほどお話ししたように、日本の霊長類学というのは動物行動学や動物生態学と違い、そもそも社会学なんですよ。それはサルの「群れ」の研究からつながっていることですが、もっと細かいこと、群れ内の個体間の関係や交渉など、動物の社会が知りたいわけです。ちらっと見ただけでは社会を知ることはできません。近距離からの観察を長期間継続することが必要になる。そこで、ルグフベイズンとウガラはあきらめて、マハレに集中したのです。

マハレなら観察できる、餌付けも成功した、これで進めよう、とすごい力の入れようでした。結果として一九八五年にマハレはタンザニアで一一番目の国立公園に指定されました。日本人がはじめて海外に作った国立公園がマハレ山塊国立公園です。

とにかく、ジェーンへのライバル心から進んできたのが、日本のチンパンジー研究の創成期なのです。マハレで西田さんが中心になって観察を続けていたので、伊沢さんと加納先生は、タンザニアはもう西田に任せるしかない、となった。

三砂　実際にチンパンジーを見ていたのがそこだけだから？

伊谷　同年代の霊長類学者が同じ種を対象に、同じ目的で研究を行っても意味がないというので、伊沢さんはアフリカではなく南米に移り、ベネズエラの新世界ザル、とくにクモザルやムリキといった新世界ザルの中では体格の大きなサルを研究対象にしました。

ボノボフィールドの発見

加納先生は、ウガラのような容易に食料も、水さえも入手できない土地ではやっていけないと、研究を断念した。ちょうどその頃、ボノボ（当時は〝ピグミーチンパンジー〟と呼ばれていた）という別の類人猿がザイール（現コンゴ民主共和国）に残存しているらしいという情報が入った。予備調査に行った西田さんがピグミーチンパンジーは絶滅していないながらも、危機的な状態にあることを報告したのが一九七二年のことです。そこで七二年に西田さんと加納先生が二人で行くのですが、結局ボノボには出会えず西田さんは帰国、加納先生はそのまま残り、七三年に本格的にボノボを探す自転車の旅に出るわけです。当初は車で行く予定だったのですが、現地人から買った車が壊れていて（笑）。それで自転車に乗り換え、数千キロメートルを走り回ってボノボの調査地、ワンバに到達するんですよ。先生らしいエピソードです。

三砂　自転車で数千キロ？　何日かかるんだろう。

伊谷　何日どころか、五か月です。しかも約八〇キロにもなる荷物を積んでね。砂地だから、ほとんど押していたと思いますよ。私も加納先生に自転車を買い与えられ、似たような装備で数百キロの旅に出ましたからよくわかります。なんでこんなことしないといけないんですか？　と言っても、「文句を言うな、いいから行ってこい」って。泣きそうでした。それが一九八四年九月です。私のはじめてのアフリカが、いきなりそれで。今学生にそんなことを言ったらたいへんなことになりますよね。私の場合はそういう教育しか受けていないので、自分の学生に対してもそれ以上の教育方法を知らないわけですが。

三砂　自転車を与えて捨てる（笑）。

伊谷　私は優しいので、学生をフィールドまではちゃんと車で連れていって、「ああ、こええんちゃう？　じゃあ」と、自分だけ帰ってくる感じですけどね。たくましくなりますよ、彼らは。二、三か月、場合によっては四か月もの間、誰もいない無人地帯で生きるわけですから。それはそれは、たくましくなって帰ってきます。

三砂　加納先生はどこから走り始めたんですか。

伊谷　赤道州の州都・バンダカから走り始め、コンゴ川左岸の赤道州[*6]のほぼ全域を走ったそうです。そしてマリンガ川の北側にあるワンバと、もう少し南、チュアパ川に近いヤロシディという村に、二つのフィールドを見つけたのです。私はワンバとヤロシディの両方に行きましたが、ヤロシディは観察フィールドには向いていないことがわかりました。

加納先生はフィールドには三つの必要条件があると言っています。一つは、対象動物（つまりボノボ）がたくさん棲んでいること。二つ目は村人がボノボを食用にしていないこと。コンゴ人は基本的に、森の中で動くものはすべてたんぱく源として食料にしているから、多くの地域ではボノボも食べられているんです。三つ目は、滞在中に安定して食料や物資が確保できること。

ウガラでのつらい経験から、継続的に調査するためには、最低限の生活が担保されなくてはならないと考えていたのです。ヤロシディはフィールドから村まで遠いので、現地に小屋を建てるかテントを張る必要があり、物資の補給も困難でした。また、大きな街に近いので、村人が少しスレていた。私も短期間滞在しましたが、村人の対応は本当に腹が立

*6　赤道州は現在、西部のEquateur（赤道）州と東部のTshuapa（チュアパ）州に分けられている。

つんですよ（笑）。結局、ヤロシディは捨てることになり、ワンバだけが残りました。ワンバの人たちは伝統的にボノボを食べないので、高密度にボノボが生息していました。村からも近く、村に基地を置いて歩いてすぐ森に入ることもできた。そういう事情で、加納先生はワンバを選んだのですね。

三砂　それが一九七三年のこと。

伊谷　そうです。翌七四年から本格的に調査を始めました。ヤロシディでも多少はやりましたが、二年ほどで閉鎖し、ワンバに集中しました。黒田末寿（くろだすえひさ）さんらが本格的調査に入り、七七年にようやく餌付けが成功します。

三砂　それが日本のお家芸なんですね。

伊谷　バナナやサトウキビなどの作物を与えていました。でも野生のボノボはそんな作物をそもそも知らない。だからバナナをそのへんに置いておいても、食べないのです。

三砂　野生にはないということですか。

伊谷　バナナもサトウキビも人間が作った作物ですからね。森の中にそんなものはありません。味もわからない黄色い棒みたいなものに、魅力を感じるわけがない。そこでボノボがよく通る場所とか寝場所の下につねに置いておくようにした。三年目にようやくサトウキビに手を出してくれました。そこから一気に餌付けが進み、至近距離からの観察ができるようになったんです。個体識別もできて、研究が進みましたね。それが七六、七年のことです。

黒田末寿さんの『ピグミーチンパンジー』（筑摩書房）は、日本ではじめてのボノボの本です。黒田さんの七四年から七八年の調査の記録を八二年にまとめたものです。

三砂　タンザニアの乾燥帯ではチンパンジーを餌付けしての研究がむずかしいからと、加納先生が当時のザイールに向かった。そしてそこでピグミーチンパンジーの研究を始められた、ということですね。ピグミーチンパンジーは二〇世紀に発見され、チンパンジーとは別の種であるとわかってからも、野生での研究はまったくなされていなかった、と。

伊谷　ピグミーチンパンジーがはじめて発見されたのは一九二八年で、それがチンパンジーとは別種として初記載されたのは一九三三年です。コンゴで捕獲されたピグミーチンパンジーがヨーロッパに送られ、そこで形態学的に調べたところ、どうもチンパンジーとは違うということがわかった。それまではチンパンジーの一亜種、パン（チンパンジー）属・トログロデイティス種パニスクス亜種として認識されていましたが、そこでパン・パニスクス、つまりパン属パニスクス種という別種に位置づけられるべきだという主張が出てきました。

しかしフィールド研究は、まったく行われませんでした。ピグミーチンパンジーの調査は非常にむずかしかったからです。生息地、コンゴ熱帯雨林の奥深くまでたどり着くのが困難だし、一九六〇年代にコンゴ動乱が起こると入国すらできなくなりました。動乱が収まり、七〇年代初頭にようやく調査が動き出すと、日本人はもちろん、世界中の研究者が群がりました。加納先生が調査を始めた頃、アメリカ隊とベルギー隊も赤道州北部のロマコでの野外調査に乗り出しましたが、長続きはしませんでした。ロマコはその後、ドイツの調査隊に乗っ取られるなど、いろいろな変遷があって。ワンバだけが、日本人の手で粛々と維持されてきたのです。

三砂　日本の霊長類学の創始者である今西さんや伊谷さんはもともとゴリラを研究したかった。それができなかったから、チンパンジーに移り、その後ボノボにも手を広げた。みなさんいろいろ変遷があります。京大の総長だった山極壽一（やまぎわじゅいち）さんはゴリラ研究者ですよね。それはなぜですか。伊谷（原一）さんは山極さんの古くからのお知り合いなんですよね。

伊谷　ええ。彼が大学院の一回生のときに、私は高校生でした。彼が何を研究しようか悩んでいるときに、伊谷（純）さんが「お前デカイし、ゴリラやれ」って。その一言で決まった。

三砂　そういうことなんですね（笑）。

伊谷　本当にそうだったんですよ。山極さんはうちに相談に来ていて、私はその場で聞いていましたから。彼は人類進化論研究室（伊谷さんの講座）に入ったからにはサル研究をしなくてはいけないということで、最初は屋久島に小屋まで建てて、ニホンザルにかなり入れ込んで研究していた。もっと人間や霊長類の社会の研究をしたかったんじゃないかな。でも博士課程に上がると、やっぱりアフリカに行かなあかん、という研究室の雰囲気があるんですよ。そこでマハレのチンパンジーをやるのか、加納先生のところでボノボをやるのかと迷っていましたが、伊谷さんの一言でゴリラをやることになった。

伊谷さんはやっぱりゴリラに未練があったんでしょうね。自分が最初に手がけておきながら、できなかったから。伊谷さんの最初の本は『ゴリラとピグミーの森』（岩波新書、一九六一年）ですからね（まあ『高崎山のサル』があるけど）。山極さんはそんな経緯でゴリラを研究することになって、日本ではほぼ唯一のゴリラ研究者になった。

三砂　今西錦司さんがいて、伊谷純一郎さんが続き、加納さん、西田さん、伊沢さんがいて、山極さんは、第三世代になるのですか。

伊谷　いえ、西田さんたちと山極壽一さんの間にも何人かいらっしゃいます。いちいちお名前は上げませんが、マハレやワンバに関わった方も多いです。

社会学としての霊長類学

三砂　先ほど、日本の霊長類学は他国と違い、「社会学」として位置づけられていたために方法論が違った、とおっしゃいましたが、ボノボの研究においても、アメリカやベルギーの調査方法は日本と違ったのでしょうか。

伊谷　ええ。彼らはまず餌付けをしませんし、個体に名前を付けることもしませんでした。オスAとかメスBとか記号化していたと思います。ジェーンは個体識別して名前を付けていましたが。

動物に社会やコミュニケーションなんて存在しない、動物は文化を持たない、というのが日本を含め、世界の常識でした。だから研究者がサルの社会や文化についていくら学会で発表しても、まったく認めてもらえなかったんですよ。伊谷純一郎さんの学位論文は「ニホンザルの音声コミュニケーション」がテーマでしたが、日本人さえ信じてくれなか

幸島で観察されたサルのイモ洗い

った。「サルがそんなことしてるわけないだろ」「そんなこと言うなら猿の鳴き声やってみろ」と学会でいじめられて実際にやらされたそうです。

サルにもある種の文化があると認められたのは、幸島のサルのイモ洗い行動の観察からなんです。これは河合雅雄さんがまとめています。

宮崎県幸島に生息するニホンザルに、畑から掘り出した土のついたサツマイモを餌として与えていた。でも、順位の低いメスたちは容易にイモを取って食べることができなかったんですね。あるときたまたまイモを手に入れた若いメスザルが、みんなの前で食べたら取られてしまうからと、隠れて一人でゆっくり食べようとしたところ、移動中にイモを川に落としてしまった。水の中からイモを拾い上げて食べてみると、泥がついたままで食べていたイモがきれいになって、口の中がジャリジャリすることなく、おいしく食べられた。そこで「あっ、イモは水につければおいしくなるんだ」と気づく。さらに、あるとき川が枯れて洗う場所がなくなったから、今度は海水で洗ってみる。そうしたら泥は取れるし、塩味がついて甘くなるしで、「こんなええことないやないか」と、一つの文化が生まれる。このサルの行動が同年代の個体、きょうだい、子に広がっていく。

偶然そういうことが起きて、今では島中のサルがみんなイモを海水で洗っている。新しい文化が生まれ、世代を超えて伝承されていることが観察された。そしてようやく、サルにも文化があると認められはじめました。

ジェーン・グドールでさえ、チンパンジーに集団という枠組みはないし、強いきずながあるのは母親と子どもの間だけで、それ以外はみんなバラバラに、好き勝手に動いているという考えでした。彼女はやがてチンパンジーが道具を使うことを発見したことで、物議をかもしましたが。道具を作って使うなんて動物がやるわけない、人間しかやらないことだ、という時代でしたから、大変な注目を集めたのです。

日本の主張は、とにかく「霊長類には安定した集団構造がある」ということでした。集

マハレのチンパンジー、撮影・西田利貞

団があり、その中でさまざまな交渉が交わされていれば、「社会」の存在を認めざるを得ない。それが認められるようになったのは、西田（利貞）さんがチンパンジーの餌付けに成功したからなんです。餌場にやってくるチンパンジーを観察していると、毎日同じメンバーが餌場に来ていることがわかった。つまり、個体識別ができていたので餌場に来る個体が見分けられたんです。彼らは一つの集団ではないか、と。それを論文で発表したところ、ようやく欧米人たちが関心を示しはじめて。西田さんは、この集団に「単位集団（ユニット・グループ、unit-group）」という名前を付けます。サルは一つのユニット（単位）で生活しているのだ、と。欧米の研究者たちは集団の存在は認めても、ユニット・グループなんていうターム、〝黄色いサル〟（日本人のこと）が勝手に付けた名前は使いたくない。それでコミュニティ（community）という呼称を使うんです。だから、ユニット・グループとコミュニティは同じ意味です。日本人が論文を書くときはユニット・グループ、欧米人の論文ではコミュニティとなる。

三砂　いまだに？

伊谷　最近はいろいろです。ジェーンと私だけは学会発表や講演のときに、ジェーンは必ず「community or unit group of Chimpanzee」と言うし、私は「unit group or community of Bonobo」と（笑）。今では、サルに集団という枠組みがあることは誰もが認めるところとなりましたし、イモ洗い行動から始まり道具使用行動などいくつかの文化的行動も認められて、サルにも文化があるというのは、ほとんどの霊長類学者が認めるところとなったわけです。

三砂　日本の霊長類学者たちは、そもそもどうして社会学的にサルを見ようという発想を持ったのでしょうか。

伊谷　人間って、個が集まることで社会ができていると思ってしまうんですよね、ヒトでも動物でも。でも、ヒトが誕生したときにはすでに社会という枠組みができあがっていて、個というのはその社会の一要素でしかない、つまり社会が存在しなければ、個なんて認められないのです。そもそも社会があって、その中に個が存在しているだけなのです。たしかに形の上では、個が集まれば社会ができるように見えますが、そうではなくて、社会があるからこそ個がクローズアップされるわけです。私たちが一番知りたいのは、その社会がどのように進化、変化してきたかということです。動物から人間に至る社会の成り立ちと現在のあり方、それらを通じて将来を考えるというのが、日本の霊長類学の大もとにある。だからこそ、個体だけなんて見たくない、というのがあったんですね。

三砂　なぜそこから始めることができたんでしょう。みなさん今西錦司さんの教え子ですよね。今西さんはなぜそういう発想になったのか。

伊谷　今西さんはもともと昆虫学者で、カゲロウの研究で棲み分け理論を出しましたが、昆虫にきちんとした社会は見いだせないと考えていた。でももう少し高等動物になると、集まりや群れという枠組みが出てくる。群れは好き勝手に集まっているはずはないだろう、そもそも社会のようなものが存在するからこそ、群れが生まれているのではないか。おそらくそれが最初の発想だと思います。

三砂　昆虫だけを見ていたところから、動物として進化していく鍵として社会があるのではないか、というのが今西錦司さんの仮説というわけですか。

伊谷　仮説というか、事実として目の前にある現象をどう捉えればいいかということですよね。今西さんって嘘ばかりついていて、彼の仮説で正しいものは一つもないんですよ。棲み分けの理論にしても今西進化論にしても、全部でたらめです。当時の情報だけでは、それが精いっぱいだったと思いますが。ただ、社会構造、カルチュア論（カルチャー）、アイデンティフィケーションなど、目のつけどころがものすごくいい。それがすべて、われわれ後世の研究者たちへの宿題になっている。

家族という社会単位の成立

伊谷　今西さんが最も考えたかったのは、「家族」だと思います。家族、ファミリーというのは、人間の最小の社会単位ですよね。そして家族という社会単位を持っているのは人間だけです。よく「ライオンの一家」がなんて言いますが、あれは家族じゃありません。今西さんは人間の家族が成り立つ四つの条件をあげています。

①インセスト・タブー（incest taboo）
②外婚制（exogamy）
③分業（division of labor）
④近隣関係（community）

そこに伊谷さんが⑤「配偶関係の独占の確立」と⑥「どちらかの性によってその集団が継承されていくこと」、を付け加えた。この六つの条件がすべてそろえば、人間の家族として認めよう、としたのです。しかし、ヒト以外の霊長類の中ですべての条件を満たすものはありませんでした。なぜこのような条件をあげているかというと、ヒトの家族の成り立ちが、どのような霊長類社会から派生してきたものかを考えたいからです。

今西さんはペア（一夫一婦）の社会構造を持つという理由でテナガザルをモデルにしたこともありました。でもテナガザルのコドモはオスもメスも集団から出ていってしまい、継承性がなかった。そのあとで、今西さんはゴリラをモデルにした「人間家族の起源」の類家族説を提唱、それに対して、伊谷さんはプレ・バンド説[*7]を提出しています。

＊7　バンドとは狩猟採集社会の居住集団で、バンドとチンパンジーの単位集団は相同の社会単位であり、両者の違いはバンドが家族を内包するのに対して、単位集団は家族を持たない。家族はバンドの下位構造になる。（「チンパンジーの社会構造」「自然」21、1996）

三砂　集団の継承性がないというのは、関係性のことですか？

伊谷　血縁のことです。チンパンジーはメスが出自集団を出ていく父系社会で、ニホンザルはその逆で母系社会です。つまり、オスの血縁、あるいはメスの血縁によって集団が継承されていくということです。テナガザルの場合、生まれてきたコドモはオスもメスも集団から出ていってしまうから、父親か母親のいずれかが死ねば、その集団は崩壊する。継承性がないわけです。

それがチンパンジーではその継承性が認められるし、しかも父系なのです。メスは交尾できる年齢になると、集団から出ていってしまうんですね。つまり、それによってインセストは回避されるわけです。もっとも、これは人間のインセスト・タブーとは意味が違います。人間の場合は遺伝学的にやってはいけないという道徳的なルールですが、彼らは社会構造そのものがインセストを回避（動物の場合は、英語ではincest avoidance）するようにできている。さらに、外に出ていくということで外婚性が成立しますし、オスとメスは行動パターンや集団の中での役割が違うので、分業（division of labor）も成立すると考えることができる。

唯一成立しないのが、近隣関係、コミュニティなんです。先ほど集団の話題のとき、「ユニット・グループ」と「コミュニティ」という二つの呼び方を紹介しましたが、日本人が「コミュニティ」を使いたがらないのは、そこに理由があります。「ユニット・グループ」は地域内にたくさんあるから、ユニット・グループ間で何らかの交渉はあるはずです。たとえば、同じ地域にいる五つのユニット・グループをまとめて「コミュニティ」と呼ぶ、そういう考え方なんです。一つの集団だけをコミュニティと呼んでしまったら、それより上位の構造は表現できなくなってしまいます。だから「コミュニティ」を使いたがらないんですよ。

三砂　そうですよね、私でもそう思います。

伊谷　地域社会があるかどうかという観点で見ると、メスの集団的移動などはチンパンジーにもあるでしょうが、それ以外は非常に厳しい関係です。出会えば大げんか、それも殺し合いにまで発展することもある。ほとんどの霊長類社会の集団間関係は拮抗性の強さに象徴されます。それで、今西さんも一時、「もう、そんなのどうでもいいよ」と言ってやめていったし、伊谷純一郎さんは「家族起源論の行方」（『家族史研究第7集』大月書店、一九八三年）で、「あれは成し遂げられなかった、無理だった、アプローチが間違ってた」という結論まで書いてしまった。伊谷さんをはじめいろんなサルの研究をした人たちが、結局今西の人間の家族の条件を満たせる霊長類はいないという結論に達しています。

三砂　そもそも、何をもってヒトとするか、そのアプローチ自体が間違っていたということですか。

伊谷　アプローチ自体は間違っていません。要は、ヒトとはどういう動物なのか、ヒトとは何か、という問いが私たち人類学者にとって最大の関心事ですから。二足歩行や有説言語の使用などとは異なり、社会学的なヒトの特性を解き明かしたいとして、霊長類を見ていた。ただ行き詰まっていた。

一九八七年、そんなときに偶然、私がボノボではじめて見つけるんですよ。二つの異なる集団がケンカせず、非敵対的に混じりあっているのを。ボノボはチンパンジーのように殺し合いもしなければ、激しいケンカもしない。最初はワーワーわめいて威嚇するけれど、時間が経つと二つの集団が入り混じって、ふだんの集団の内部と同じような交渉、交尾や毛づくろい、を始めるのです。伊谷（純）さんは、この現象は私たちがはじめて知るヒト以外の霊長類の集団構造の解消の事例であり、社会の進化における地域社会の可能性と、今西流に言えば人間社会への進化の道すじを暗示するに違いない（「ILLUM」3-2, 1991）、と言っています。

私は二つの集団の全個体を識別していたので、違う集団のボノボが混じればすぐにわかるのですが、そのとき一緒にいた個体識別がまだできていない後輩が、「めちゃくちゃでかい集団ですね」って言うわけ。「これは二つの集団が混じっているんだよ」と返すと、「そりゃあ、えらいこっちゃ」と。それから必死に観察をしたんです。すごかったのは夕方。それぞれの集団がまた分かれて行動するのですが、みんな自分がどちらの集団のメンバーかを理解していて、その通りに分かれていくんです。それを見たとたん、各個体が自分のアイデンティティを持っているし、「今西さんの人間家族の条件のヒントがここにある！」と気づきました。ちなみに、集団間の安定した関係を作る際に、メスが大きな役割を果たしていることを付け加えておきます。つまり、父系父権のチンパンジーと違い、ボノボの父系母権社会こそがなし得た現象なのです。

帰国後、国際霊長類学会で発表しつつ博士論文"Relations between unit-groups of bonobos at Wamba, Zaire: encounters and temporary fusions"（「ボノボの単位集団間関係：遭遇と一時的融合」*African Study Monographs*, 11, 1990）を書いたんです。

三砂　なるほど、あなたの博士論文は、今西さんの仮説の一つを進めたものだったわけですね。

伊谷　そこからどんな過程を経て家族ができあがっていくのかをさらに詳細に分析して、仮説を立てたのが、「人間家族の起源——類人猿社会との比較から」（"Origin of the human family," *Genes and Environment*, 36, 2014）という論文です。

テナガザルの社会から始まり、ゴリラ、チンパンジーと、過去の類人猿社会研究の総説をしたんです。家族を内包するピグミーのバンド（居住集団）という二重構造にも触れて、こうすれば人間の家族に発展する可能性があるのではないか、ということまでを解きました。

三砂　日本の霊長類学は、今西錦司の遺したさまざまなインスピレーションを、実際のフィールドで証明していくことではじまったということですね。それが動物の「社会」に注目して観察することで、日本の霊長類学は世界の中でも独自の発展を遂げた。

伊谷　今西さんは、社会を構成する要素として、かなり多様な宿題を出しているんですよね。だから私たちは、家族起源論やアイデンティフィケーション、平等／不平等、社会構造の違いを研究テーマとして追い続けているのです。

三砂　彼のそういう発想の豊かさに惹かれて、伊谷純一郎さんをはじめとする若い人たちが、今西さんのもとへ集まったということでしょうか。

伊谷　そうですね。今西さんは、若い頃昆虫を研究していたのですが、途中からガラッと転向して、霊長類学に向かいます。その過程でさまざまな課題をあげていった。そこへ伊谷純一郎さんや河合雅雄さん、川村俊蔵さんが集まってきたということです。

三砂　伊谷純一郎さんは、学部生の頃から今西さんのところにいらしたのですか。

伊谷　一回生の頃から行っています。

三砂　あなたにとっては、今西さんはご近所のおじさんみたいな感覚なのかしら。

伊谷　まあそうですね。私は動く今西錦司に接した最後の世代ですよね。彼の入院中、病院で付き添ったこともありました。わざとなのかボケていたのかわかりませんが、お客さんとしゃべっていても、その方が帰られてから「おい、あれ誰や?」って(笑)。でも学問の話になると、とたんに戻るんです。伊谷さんが見舞いに来ると、進化論についてものすごい激論を戦わせたりしている。でも、そんな激論を交わしたにもかかわらず、相手が伊谷純一郎だったというのはわかっていない。

三砂　相手が誰かわからないのに議論してたんですね。

伊谷　「なかなかええ議論やったけど、あいつはどこのやつや?」と。「先生の弟子ですよ」ってね。直感がすごかったんでしょうね。

三砂　直感とインスピレーションね。そういう人の存在は、新しい学問をつくっていくというときにはやっぱり必要ですよね。

伊谷　おそらく今はありえないでしょうが、今西さんに限らず梅棹忠夫さんもそうだし、当時の人はみんな自然との付き合いから入っているんですよね。

三砂　新京都学派の方々ですね。ご自身の体験から入っている。

伊谷　山や動物の知識を、野生から得ている。その中で何かをつくりあげてきているんですね。今西さんも伊谷さんも山岳部出身で、今西さんは昆虫が好きで、伊谷さんは野鳥が好きでしたし、河合さん、西田さん、加納先生らは昆虫少年でした。自然から得ているものが大きいのです。その中で、われわれ人間をどこに位置づけたらいいのか、と考える。

　最近私もしつこく言っているのですが、とかく人間と自然とか、人間と動物と分けようとするけれど、われわれ人間も動物であり、自然の一部なのです。あまりにも違う方向に変化してきたから気づかないけれど。人間が唯一違うのは、境界を乗り越えているということです。動物は与えられた環境に適応して生きていて、環境が変わればそれに合わせて進化していきます。人間ももちろん本来はそうあるべきですが、人間だけは、環境の変化を障害と考え、取り除くか乗り越えようとする。

三砂　伊谷（原）さんは、それを文字通り生まれながらに見ながら育ってきたわけですよね。自然の中の人間、という感覚を、ご自分でも経験してこられたと思いますか。

伊谷　私にとっては当たり前だったので、意識したことはなかったですね。でも、だんだん歳を重ねるうちに、これは言わないとわからないんだ、と気づいた。私にとっては普通のことであり、むしろ反発もしてきたことでしたが。

　多くの学問は、原理原則を求めるんですよね。なぜそれが起きるのか、説明する理論がほしい。でも、自然の中で育ってくると、そんなものはないとわかるんですよ。種によっても違うし、個体によっても違うのに共通問題が解決できるのなら、誰も悩みませんよ。

むしろ、目の前にある現象をどう受け止めて、どう捉えるかのほうが大事で、たとえその先に原理原則があるとしても、まずは目の前の現象をしっかりおさえておかないと、何もわからないし、先には進めない。

三砂　どんな学問も始まりには発想力の豊かな人がいるわけで、日本の霊長類学も、今西さんの発想から発展してきたということなのですね。

伊谷　悪い言葉で言えば、彼は「広く浅く」の人でしたから。

三砂　本当に大きなものを見ている人は、広く浅くになりますよね。とんでもないことばかりを言うから、なんでそんな突拍子もない……となるけれど、そこからどこを引っ張りだして学問体系にしていくかは、次の世代の仕事です。伊谷さんや河合さんがしっかり仕事をされたということなのでしょう。

伊谷　そうですね。伊谷さんは理学部の動物学科から研究を始めたわけですが、同じ理学研究科でも、物理学の人と動物学の人は、ちょっと違うんです。物理の人は一つのテーマにこだわって集中して追究するタイプの人がいますが、動物学でそれをやったら何も見えなくなってしまう。一つのことをとことん追うことは重要ですが、樹木一本だけを見て、森を見ないというやり方では全体を見失います。どちらかと言えば、森を見たいし、さらに森の外まで見たいのがわれわれですから。

生態人類学への道

三砂　今西さんのそうした発想から出てきた日本の霊長類学が、のちにヒト研究と霊長類等の研究に発展していったのは、どうつながるのでしょうか。

伊谷　今西さんはそもそも博物学者で、自然の魅力を踏まえて霊長類学や人類学を発想させました。そこに生態人類学を取り込んだのが伊谷純一郎さんです。人びとの生活や生き様に注目した。

日本で人類学を始めたのは東大の坪井正五郎（つぼいしょうごろう）さんですが、当時の人類学は生物学や考古学、民俗学なども含めた総合人類学でした。ところが、東大で主流となった自然人類学は、のちに形態や形質を計測して統計的なデータを扱う退屈なものになっていきました。のちに東大人類学を立て直そうとする動きはあったようですが。

歴史的にみれば、圧倒的に東大の人類学のほうが古いですが、京大には古くから人文研

（人文科学研究所、一九三九年設立）があり、文化人類学に力を入れていました。文化人類学では人間の文化や産業、経済などに注目しますが、それだけでは終わらずに生態人類学という、人間の活動が自然とどのように関わっているかを追跡し始めました。生態人類学において、東大の考古学者・渡辺仁（わたなべひとし）さんのアイヌ研究は特筆すべきですが、京大の文化人類学者・米山俊直（よねやまとしなお）さんのアフリカの農村研究をはじめ、研究者数や研究フィールドの多さ、そして研究の質のよさは国際的に高く評価されています。

　生態人類学は、そこに人が生きているのなら、その人たちの生き様をきちんと捉えなくてはいけない、という考えから始まっていますが、また、人類の進化過程を意識しているのも特徴です。いま思えば、伊谷さんは生態人類学の先に地域研究を見ていたのかもしれません。地域研究というのは、ある地域における歴史、政治、経済、社会、文化などの特徴を明らかにし、それらを他地域のものと比較する学問です。

三砂　生態人類学という言葉自体は、日本で始まったのですか。

伊谷　よくわかりません。正確には生態学的人類学のことですが、それに対して人類生態学という分野もあります。人類生態学は東大医学部が中心でしたが、生態人類学は京大と東大の理学部が主流になっていました。

三砂　今西さんが始めた動物を社会学的に見るという研究は、伊谷さんの世代になって生態人類学という名前を得たというか、それをもとにヒトと霊長類の研究に発展したということですか。

伊谷　伊谷さんはニホンザルから始め、ゴリラをやり、チンパンジーまで研究しましたが、各種をわれわれほど深く見ているわけじゃない。一度しか見ていないチンパンジーの行列事例だけで集団構造の類推ができるんだから（「行列」、伊谷純一郎編著『チンパンジー記』講談社、一九七七年）、一つの現象を見れば、いろんな方面にかかわっているということを常に意識しているのだと思います。

伊谷さんはもともと京大自然人類学研究室の助教授だったのですが、人類進化論研究室という新しい講座を作って教授になった。だけど、その講座の研究対象が、半分はサルで半分はヒトだった、ヒトを研究対象に広げていったということでしょう。

当時、ヒトを研究するには沖縄の島々や奄美の徳之島に行って漁撈や闘牛・闘鶏を観察し、それらに従事する人たちについて研究するというのが主流でした。私が最初にこの分野に首を突っ込んだとき、沖縄本島の北中部に浮かぶ伊是名島（いぜなじま）でずっと漁民を調査していました（実際にはただ漁師をしていただけですが）。アフリカで牧畜民や狩猟採集民、農耕民を調査していた人たちもいました。学部生の時から人類学に興味をもっていた田中二郎さん（京大名誉教授）は狩猟採集民・ブッシュマンを追いかけ、伊谷純一郎さんは掛谷誠（かけやまこと）さん（京大名誉教授）とタンザニアの焼畑農耕民・トングウェを研究した。市川光雄さん（京大名誉教授）や寺嶋秀明さん（神戸学院大名誉教授）はコンゴやカメルーンでピグミーの生態人類学的研究に従事しました。伊谷さんは太田至さん（京大名誉教授）を伴って、ケニアの牧畜民・トゥルカナにまで手を出しました。

　そういう具合に、アフリカでのサル研究と並行して、生態人類学という形でヒト研究を行っていた。漁民にしろ狩猟採集民にしろ、自然がなければできない仕事に従事しているわけです。自然に強く依存して生きている人たちの営みと、サルの進化とを、いわゆる「自然縛り」で結び付けようとしたんじゃないかな。

トングウェの人々と伊谷純一郎

三砂　なるほどね。だとすると、伊谷（純）さんも今西さんに似ていて、インスピレーションをあちこちにばらまいた二人目の人、ということですね。それを次の世代の人たちが、一つひとつ深化させていったということですね。

　私は一九八六年の春から沖縄にいました。新設された琉球大学医学部保健学研究科に入り、公衆衛生の研究をすることになる。その直前まで青年海外協力隊の一員としてザンビアにいて、掛谷誠さんに会っていました。非常に人望もあって、まだ四〇代くらいだったと思う。そこに弟子の杉山祐子さん（現弘前大教授）を連れてきていた。彼女にとってはそれが最初のフィールドワークでした。私と杉山さんはほぼ同年代なので、すぐに親しくなって、アフリカから帰っても連絡を取り合っていたんです。

「私こんど琉球大学に行くことになったのよ」と電話で話したら、「そこには私の仲間が何人もいるので紹介するよ」と。そうして紹介されたのが琉球大学医学部保健学科人類生態教室の加納先生とそこの助手をなさっていた武田淳さん（元佐賀大教授、コンゴやトーゴで「食」をテーマに生態人類学的研究を行った）、それから保健社会学の助手をやってた佐藤弘明さん（元浜松医科大教授）という生態人類学のグループの人たちだった。掛谷誠先生も伊谷純一郎さんの教え子なんですね。加納先生とかと同じくらいですか。

伊谷　五つくらい下ですね。杉山祐子さんは私と同じ歳なんです。生態人類学研究会というのがあって、彼女は筑波大学の学生で参加していました。その頃からの知り合いです。その後タンザニアで会ったこともありました。

先ほども言いましたが、掛谷誠さんはもともとタンザニアでトングウェの研究をしていたんです。彼はトングウェの呪術師になった。まあ彼の場合は邪術師に近いんですけど

（笑）。普通は呪術師なんて外国人である日本人が簡単になれるものではないんですが、彼はそのトングウェの呪術師の資格を持っていました。そして、伊谷さんには一番信頼されていました。弟子の中ではダントツ。

三砂　自然人類学と文化人類学と生態人類学と、その辺の関係がいまだに、よく飲み込めないので説明してください。

伊谷　自然人類学というのは本来、形態、つまり骨とか化石とかを扱う分野なんです。文化人類学というのは、ある民族であったり、ある地域であったり、そこの文化的な変遷を扱う。生態人類学は、どっちかと言ったら、文化人類学に近いんですが、もっと人間とそれを取り巻く環境の関係や進化に関わるところ、生業としての狩猟採集、漁撈、農耕、牧畜などに焦点を当てて、彼らの日常の生き様みたいなことを研究する。しかも、その社会の中に入って参与観察をする。机上で文献研究をするのではなくて、実体験を通じて研究していく、というのが生態人類学です。

だから、田中二郎さんや市川光雄さんはアフリカのカラハリや熱帯多雨林で狩猟採集の、掛谷誠さんは乾燥疎開林で農耕民の研究をすることになったんです。

三砂　伊谷先生がやろうとした生態人類学と霊長類学との関係はどのようなものなんですか。

伊谷　霊長類学については、彼の研究がたまたまニホンザルから始まったのでずっと霊長類学をやっていたわけですが、彼が焦点を当てたかったのは人間の社会の進化なんですよね。その変遷をたどるために、人間に一番近いのはサルではないかと思って、サルの社会から研究し始めた。だから、単にサルを突き詰めようとしていたわけではなくて、サルの社会を通して人間の社会を見ようとしていた。霊長類学をきっかけにしたけれど、おそらく徐々に生態人類学という、人の〝生き様〟や人類進化過程の諸問題の復元みたいなことを意識し始めた。

三砂　伊谷（原）さん自身も霊長類学というのは人間のことを見るためにやっている、という言い方をしますよね。

伊谷　多くの人たちは霊長類学というのは、詳しくサルを知るという方向へいくんですよ。だけど、そもそものスタートがヒトの社会を見るためにやり始めたことだから、やっぱり戻ってこないといけないわけです。私自身もサルにはもちろん興味があるけど、サルそのもののことを知りたいわけじゃなくて、それを通じて人間のことを知りたい。

三砂　先ほども言いましたが、一九八四年に私はザンビアで掛谷さんと杉山さんに会っていますが、その時杉山さんは本当に一生懸命「生態人類学」というものはこういうものだということを説明しようとしていた。それは文化人類学とは違うんだと。私もまだ二五歳くらいで人類学が何かもよくわかってないけど、文化人類学とは違うんだと思ったことは覚えてるんです。

伊谷 当時、そういう学問はメジャーじゃなかったんです。

三砂 もともと身近になかったんですよね。それは世界的にもなかったのですか。

伊谷 〝構造主義の祖〟と言われるフランスの社会人類学者レヴィ＝ストロースは、ジャン・ジャック ルソーの著書『人間不平等起源論』（一七五五年）を最初の人類学原論と言いました。それは生態人類学という括りではなかったですが、非常に近いところに位置していると思います。『儀礼の過程』（一九九六年）のヴィクター・ターナーや『豚と精霊』（一九八三年）のコリン・ターンブルの研究なども生態人類学に分類されると思います。

三砂 英語では、エコロジカル・アンソロポロジー（ecological anthropology）でいいですか？その概念は今では日本だけではなく、世界に広がっているんですか。

伊谷 あると思います。言ってみれば霊長類学ももともとはなかったんですよ。アメリカでいう動物学だった。何度も言うように、日本では今西さんが始めた時に最初から社会というものを意識して「動物、その社会学的研究」という言い方をしていた。それが日本の霊長類学であり、生態人類学なんです。あくまでもこの動物は社会を築いていて、その社会の中でどうやって生きているか、それが人間にどう結びつくかということを常に意識しながらやってきた。そこが大きな違いで、日本の霊長類学がここまで発展したのはそれを意識していたからだと思います。

私が学生の頃に生態人類学会はありませんでした。生態人類学研究会というのが年に一回あって、それは必ず温泉でやるんです。学会というと、一人の発表者が一〇分から一五分くらいの時間をもらって自分の研究についてしゃべるのが一般的だけど、生態人類学研究会は一回に二題くらいしかやらないんです。研究者たちが集まって、発表者は何時間しゃべってもいいんです。そのかわり聞いている方も演者を泣かせるくらいの質問を投げかけるわけです。で、夜、宴会になったら、そこでもまた昼間の議論を延々繰り返す。

三砂　学会の始まりってそういうものですよね。そのダイナミックさが八〇年代の生態人類学研究会にはまだあったということなんでしょうね。

伊谷　そこまで突っ込むか？　っていうくらいの議論をする。それが大事なんです。発表者はそこで真剣に考えるから、将来の研究につながっていく。伊谷純一郎さんは、そもそも学会が嫌いなんですよ。

三砂　独創的なことをやろうとしている人は現存の学会が嫌いですよね（笑）。

伊谷　一九八六年に研究会が学会になった時に、彼はもう京大を定年して神戸学院大に再就職していたんですが、そこでまた瀬戸内人類学研究会というものを立ち上げたんですよ。

三砂　私が今所属する津田塾大学多文化・国際協力学科には伊谷先生たちにつながる若い研究者たちが二人いて、一人が丸山淳子（まるやまじゅんこ）さんといって田中二郎さんのお弟子さん、もう一人は八塚春名（やつかはるな）さんといってサンダウェ（狩猟採集民）の研究者です。伊谷（原）さんもサンダウェの研究をやっていらしたのですか。

伊谷　タンザニアの中央部にサンダウェという狩猟採集民がいるんですけど、そこにはチンパンジーがいないんでなかなか入りにくかった。それでもサンダウェのテリトリーが私のフィールドに行く途中に位置していたので、私が最初にサンダウェに入りました。その後に八塚春名さんが続けることになった。だいぶ私より後輩で、彼女は私の弟、伊谷樹一（いたにじゅいち）（京大教授）の弟子なんです。彼女がフィールドにいるとき、一度会いに行きましたよ。

三砂　丸山さんは自分は文化人類学者という。八塚さんは自分は生態人類学者だという。

伊谷　二人のアプローチは全然違う。丸山さんは生活様式がかなり変わってしまったブッシュマンを対象にしてる。田中二郎さんがやっていたときの欧米文明に侵されていないブッシュマンじゃない。そうすると、彼女がターゲットにするのは純粋な狩猟採集民ブッシュマンではなく、彼らの文化や生活の〝変遷〟を見ることになります。だから文化人類学と言っているのでしょう。一方で、八塚さんは最初からサンダウェという人たちがどうやって生きているかという目の前にいる彼らの〝生き様〟を見ようとしている。だから彼女はあくまでも生態人類学をやっているという言い方をするんだと思う。そこの違いです。

三砂　もう一つ、人類生態という言葉もあります。ヒューマンエコロジー（human ecology）と訳されるんですけど、今私が専門にしている公衆衛生と近いところにあるんですよね。

伊谷　琉球大学でのことで言うなら、おそらく、もともとが医学部の保健学科だったから、ヒューマンエコロジーという形でないと成立しなかったんだと思う。

三砂　人類生態、ヒューマンエコロジーの方は、もともと東大の保健学科にもあったものですね。それは公衆衛生の一つの分野になっていた。公衆衛生関係の学会の中の一つに日本民族衛生学会というのが、九〇年くらい前からあります。永井潜（ながいひそむ）とか今でいう優生思想に近いことをやっていたような人たちがベースになって医者が作った学会なんですけど、その学会の英語名はヒューマンエコロジーなんです。そこには、伊谷純一郎先生の弟子たち、つまり佐藤弘明さんや武田淳さんが来ていました。今は日本健康学会という名前になっているんです。でも英語の名前にはいまだヒューマンエコロジーが残っています。

二〇二〇年に私はたまたま、この学会の大会長をやりました。それでその学会の歴史を勉強せざるを得なくなり、調べていると生態人類学と微妙に重なっていることがわかります。

伊谷　どう分けるかはむずかしいし、佐藤さんも武田さんも出身は東大の人類生態なんですが、伊谷さんが二人をアフリカに導き、加納先生がザイールに連れて行ったことで、生態人類学的なフィールドワークに魅了されてしまった人たちだということは言えると思います。

三砂　東大は自然人類学、京大は文化人類学を中心にやってきたということですが、その中で女性初の東大教授、中根千枝（なかねちえ）さんが文化人類学の教授になったというのは、なかなかのことなわけですね。

伊谷　すごく珍しいです。

三砂　一九二六年にお生まれの中根千枝さんは津田塾大学の前身の専門学校の卒業生で、二〇一八年ごろまで現役で津田塾の評議員会の議長を務められました。二〇一九年の四月に創設された、多文化・国際協力学科の卒論賞が「中根千枝賞」という名前になったんです。学長がぜひ中根さんの名前を冠したいというので。多文化・国際協力学科は人類学が中心ということでいいのではないかと解釈しています。とにかく、中根千枝さんが東大初の文化人類学の教授になったというのは、画期的なことですね。

伊谷　そうですね。中根千枝さんが東大で文化人類学をやることになったのは画期的だったと思いますが、文科省は一時期、文化人類学をやっていないと大学じゃない、みたいなことを言い出したことがあったんですよ。私もあちこちの大学に呼ばれては「文化人類学を教えてください」と言われて、なぜこんな急にと思ったことがありました。でも中根さんはどちらかというと社会人類学に近いですけどね。

三砂　社会人類学とは？

伊谷　社会とはどうあるべきなのかを、あらゆる地域差や民族差を調べて比較していくのが社会人類学の主題です。中根さんは、文化というよりむしろ社会そのものを研究する仕事が多かったはずです。たとえばジェンダー問題は、文化人類学というよりは社会人類学の範疇です。世界の中にはジェンダー問題なんて無視されるような地域がたくさんあるわけですから。だからそこに切り込むためには、彼女のようなやり方しかなかったんじゃないのかな。男社会が重視される状況を、違う切り口で拓いていこうとしたのではないかと。

いずれにしても、ここで出てきた様々な人類学をはっきり定義するのはむずかしいですね。自然人類学、文化人類学、社会人類学、生態人類学などすべてが人類学の下部領域で、研究対象も形態形質、社会、文化、政治、経済、制度、宗教、儀礼、自然などの比較や分析です。

実は霊長類学も人類学の下部領域です。つまり、他の霊長類を通じて人の本性を探ろうとする学問だと思います。

3

さまざまな施設をつくる

日本モンキーセンター

三砂　ここまで、霊長類学と生態人類学の学問の流れを聞いてきましたが、ここからは、「日本モンキーセンター」のことなど、もう少し学問そのものより、施設などについてお聞きします。

伊谷　一九五六年に愛知県の犬山市に「日本モンキーセンター」（以下ＪＭＣ）ができました。これは、今西錦司さんや東大の人類学教室などの研究者たちが、日本銀行総裁や大蔵大臣経験者の渋沢敬三（しぶさわけいぞう）を引っぱり出し、名鉄（名古屋鉄道）から資金提供を受けてつくったものです。当時としては非常に珍しい産官学連携の賜物です。

三砂　渋沢敬三はもともと今西錦司、伊谷純一郎と関わりがあったのですか。

伊谷　それまではありませんでした。そもそも日本モンキーセンター設立は、東大の実験研究グループ、つまりサルを解剖したり脳に電極を通したりして実験材料にして研究したいという人たちと、サルの生態を明らかにしたいという人たちが合体して、サルを研究する組織をつくろう、と動き出したのが発端でした。できたのが一九五六年ですから、それよりも前、五四年、五五年あたりから動き始めたんだと思います。とにかく、設立のためにはスポンサー探しをしなければいけない、ということで、おそらく今西さんが名鉄に駆け込んだんだと思う。

三砂　なぜ名鉄だったんでしょう。

伊谷　どうしてかわからないけど。近鉄、阪神、南海がダメだったからなんですかね。「あいつらは野球チームやらなんやら持ってるからあかんのとちゃうか」って（笑）。

三砂　その頃名鉄の羽振りがよかったというのもあるのかもしれないですね。

伊谷　当時の名鉄はすごかったと思いますよ。副社長はじめ幹部の人たちも学術的、あるいは文化的な理解がすごく高かった。今西さんが名鉄にいろいろ話を持ちかけたら、じゃあ犬山に大きな土地があるからそこを使ったらどうか、という話になったのだと思う。土地といっても、名鉄が所有していたただの山です。私も知らなかった話だけど、それを開拓するために自衛隊を使った。自衛隊があそこを開発したんですよ。

三砂　誰が自衛隊を派遣したんですか。

伊谷　渋沢さんだと思う。当時、大蔵大臣だった渋沢敬三の側近の若い大蔵官僚が渋沢の命を受けて兵隊として動いたのだと思います。彼は、大蔵省を辞めてからロッテの顧問になって、ロッテ球団の副社長もやった人です。

彼は日本モンキーセンターの設立の際に官僚としてすごく活躍した。でも私はその頃のことを全然知りませんでした。ところが岡山の林原に類人猿研究センター（この設立については一四七ページに）をつくった時に、突然ロッテの顧問の方から連絡が来て、お会いすることになった。その時に「伊谷さんですよね」と訊くので、「そうです」と答えたら、「いやあ奇遇ですなあ。私は犬山に日本モンキーセンターをつくる時にいろいろお手伝いさせてもらったんです。よもやその時の伊谷さんの息子さんが全然違う岡山の土地でまた新しい研究所をつくるとは思っていなかった」と。そんなことがあって懇意になりました。

三砂　その方はいわば渋沢敬三の懐刀みたいな人だったわけですね。

伊谷　そうですね。

「日本モンキーセンター」設立から二年目の一九五八年、私が生まれた翌年に、父は今西錦司さんと一緒にアフリカに行ってるんですよ。前述の通り「アフリカ霊長類調査隊」として、ＪＭＣから派遣されているんです。

三砂　伊谷さんは、その頃、犬山で生まれているのね。一九五七年生まれですもんね。

伊谷　犬山栗栖の寺の離れで生まれました、ひどい話ですよ（笑）。父は最初の就職先が名鉄でした。

三砂　伊谷先生の最初の就職先がＪＭＣなんですね。

伊谷　名鉄の職員として働いていたんです。犬山には家もありました。その頃は名鉄は勢いがあって、ＪＭＣができると同時に、じゃあ家を建てたるわと、本当に建ててしまった。私が生まれたのは田舎の寺の離れですけど、すぐにその家に引っ越してそこで育ちました。住所までは覚えていませんが、高台に建てられた平家でした。

JMC内で撮影された河合雅雄（右）と肩車をされているのが筆者

三砂　犬山にはいくつまでいたんですか。

伊谷　四歳までいました。記憶はいっぱいありますよ。これはエッセイでも書いたんですけど、近くの山を父と二人で歩いていたら、野良犬がいっぱい出てきた。父は犬が死ぬほど嫌いなんです。それで、私を捨てて逃げたんですよ（笑）。家に帰った父に母が「原一はどうしたの？」って訊くと、「いやあ、山に行ったら野犬がいっぱい出てきてな……」と言い訳をする。それを聞いて焦った母は家を飛び出して山に探しに行ったら、私がその野犬たちをまとめて遊んでいたらしいんです（笑）。

あと、犬山で私は河合雅雄さんのご長男と同級生でした。同じ幼稚園に通っていました。私が京都に引っ越すことになった時に「もうこれで最後か」と言って二人で殴り合いの大げんかをした、なんてこともありました。

三砂　河合雅雄さんもＪＭＣができた時に名鉄の職員としてそこにおられたということなんですか。

伊谷　そうです。今西さんと伊谷さんでつくった後に、これだけでは人が足りないからと、河合雅雄さんを引き抜いたんだと思います。

三砂　ＪＭＣの最初はどんなことをしていたのですか。

伊谷　最初はサルの実験をする小さな研究所から始まりました。日本の霊長類学のスタートは一九四八年で、五〇年代初頭には、研究所をつくろうという動きが起きたけど、京大が認めてくれなかったので、他を探そうと、たぶん今西さんが動いたんだと思う。

三砂　ということはＪＭＣが、日本の霊長類学の創成期を担う研究所を持っていたということなんですね。

伊谷　そうなります。将来的にそこを動物園にしていこうということは、最初から計画の中にあったようです。土地はいくらでもあったので。一九五六年に財団法人日本モンキーセンターが設立され、サルの飼育舎を作り、ヤクシマザルを導入しています。翌年には愛知県で二番目の登録博物館に指定されています。

三砂　博物館と動物園はどういう関係にあるのでしょう。

伊谷　博物館というのは文部科学省が認定する学術・教育施設。一方で、動物園は博物館相当施設ではあるけど、実際は文科省に認可されているものではない。だから博物館協会にも入ってない。例えばどこかの動物園が文科省の科学研究費の申請資格を持っているかといえば、多くは持っていないんです。それに対して博物館は文科省管轄なので持っている。

三砂　博物館にすることによって、大学の管轄ではなくても研究ができるということですか。

伊谷　そうです。博物館というのは、キュレーターがいるので、いわゆる学術研究施設になりますからね。霊長類学を根付かせるために、ＪＭＣをつくる。そのためには学術研究施設にしなければいけないと考えていた。だから、いま動物園として運営されている世界サル類動物園は、ＪＭＣの付属施設なんです。

三砂　博物館の定義は何ですか。

伊谷　教育・研究を目的とした施設ですよね。普通は博物館というと、標本や物が置かれている、というイメージが強いんですけど、それがなくても博物館にはできる。JMCにはもちろんそうした展示施設もありますが、展示するものが生きていたっていい、という発想です。

三砂　文科省は博物館を認可するにあたって、何に注目しているんですか。何があれば博物館として申請できるんですか。

伊谷　スペースの問題と、どういう目的でつくられるものであるかというのは当然大きい。あとはその目的のために一般公開できる何かを持っていなければいけない。それからもう一つは、研究の実績が必要になってくる。そういうものを揃えれば、博物館にはなれる。

JMCの場合は博物館として成立するために一般公開をしなければいけないということでしたから、それはやりましたけど、並行して研究活動をしていた。

それを後押ししたのが名鉄です。当時の名鉄の副社長の土川元夫(つちかわもとお)さんは大きなビジョンを持った人だった。JMC初代会長は渋沢敬三さん、副会長が千田憲三(せんだけんぞう)さん(当時の名鉄社長)。理事長が田村剛(たむらつよし)さん。この人は国立公園協会の会長だった人で、日本の国立公園を作った人です。常務理事に、土川元夫さん(名鉄副社長)、宮地伝三郎(みやじでんざぶろう)さん(京大教授)、安東洪次(あんどうこうじ)さん(東大教授)、要は名鉄の重役と東大・京大の先生が執行部でした。

土川さんは、渋沢さんにかなり傾倒していたということも大きいけど、それとは別に霊

1958年ウガンダ、伊谷純一郎（左）と今西錦司

長類学というものに対してすごく興味を持っていました。

三砂　個人的にも、霊長類学の未来に関わりたいと思う人がいたということなんですね。

伊谷　私もそんなに昔のことを知っているわけではありませんが、日本で今では当たり前のように言われている産官学の連携がはじめて行われた。つまり、大蔵省と、東大・京大と、名鉄。この三者が合体したからこそ、連携事業として動いたからこそ、実現した。そうでなければあり得なかったと思います。

はじめての「アフリカ霊長類調査隊」は何していたと思います？　アフリカにサルを買いに行ってるんですよ。今西さんと伊谷さんは大金をガンガン送らせていろんなサルを買い付けている。五〇年代はベルギーの植民地だったコンゴの東部、今のキサンガニに大きな実験動物の研究所があって、サルをたくさん飼育していた。そこで買い付けてきた。今だに世界中のどこの動物園にもいないけど、マウンテンゴリラ（ヒガシゴリラの山型）を二頭入れている。すぐに死んでしまったんですけど。このときに、まずケニアに行って、それからウガンダ、タンザニア、その後、わざわざ動乱で荒れる前のコンゴに飛ぶんですよ。たぶん、ゴリラを買うのにものすごく苦労したんだと思う。ただ、今西さんは何もしなかったみたいですけどね。買い付けに行くのが嫌でホテルのベランダでずっと酒を飲んでいたらしい。

三砂　一九五〇年代に今西さん伊谷さんたちが行ったコンゴの研究所で、チンパンジーを使って作られていたワクチンがエイズの発症の原因という仮説がありますね。

伊谷　ベルギー領時代に、現在のキンシャサは旧称レオポルドヴィル、現在のキサンガニは旧称スタンレーヴィルと呼ばれていましたが、そのスタンレーヴィルに大きな霊長類の医学研究センターがあって、いろんな霊長類が飼われていました。当時そこではものすごく悲惨な実験が行われていたということを、アメリカ人のエドワード・フーパーという人が『The River: A Journey Back to the Source of HIV and AIDS』（Penguin Sciences、一九九九年）という本に書いていています。

三砂　『The River』の仮説は、エイズの起源として、まだ完全に死んでいないと聞きます。植民地であるコンゴで、しかも、そこにいた動物を使って、やっていたとか。

伊谷さんとか河合さんはその後、大学に戻られますね。

伊谷　ＪＭＣがオープンして約一〇年後、一九六七年に京都大学がついに霊長類研究所をつくるんです。そこに河合さんはじめ、ＪＭＣにいた研究者たちのほとんどが移ったんです。伊谷さんは一九六二年に京大の自然人類学講座の助教授として赴任しました。

三砂　研究者たちは京都大学の名前を冠した研究所をつくりたいと思って大学に働きかけていたということですか。

伊谷　そうです。

三砂　ＪＭＣとの関係はどうなったんですか。

伊谷　今までにＪＭＣがやってきた〝研究〟という役割を霊長類研に移そう、ということになったわけです。そのタイミングでＪＭＣは、名鉄がやってた遊園地とＪＭＣの動物園を合体させてモンキーパークという名称に変わりました。霊長類研ができるとみんなそっちに移っていきましたが、ＪＭＣに研究者をゼロにするわけにはいかないから、一部のリサーチフェローとか学術部員みたいな人を何人か残した状態で、モンキーパークの中のＪＭＣという形で今まで細々と生き続けてきたわけです。

三砂　外から見ていると、ＪＭＣと霊長類研究所があるから、違いがわかりにくいと感じます。

伊谷　スタートはＪＭＣで、その延長線上に霊長類研究所ができた。ただ、一方のＪＭＣのバックは名鉄で、もう一方の霊長類研究所は国立大学の附属施設。そういう意味で両者は違うんですよ。

三砂　ＪＭＣも霊長類研究所も、創設者は同じ人たちなんですね。

伊谷　ほぼそうですね。ＪＭＣは京都大学を定年退官した人が所長になる、そういう慣例ができました。ＪＭＣと京都大学の関係はすごく深い。定年退官していないんですけど、今は私が所長をやっています。

三砂　その後、霊長類研究所は京都大学のものとして成長していくわけですけど、ＪＭＣの方は一貫して名鉄がお金を出していたのですか。

伊谷　私が行く二〇一四年までは全面的に名鉄がお金を出していました。

三砂　二〇一四年に何があったのでしょう。

伊谷　名鉄がもうやめたい、と言ってきた。遊園地は続けるけど、動物園はやめたい、と。でも、生き物がいるから簡単にはやめられない。動物愛護法も変わって簡単にサルを処分できない。しかも日本どころか、世界一多くの種類のサルがいる動物園をどうすればいいのか。まず、遊園地と動物園を分けて、博物館だけを公益財団にするという道を京大からは提案しました。これまでの責任もあるので、独立して運営していくために、この先一五年くらいの運営費を出してくれ、という話でひとまず収めています。

熊本サンクチュアリ

三砂 もう一つ、国内でチンパンジーとボノボが生活している熊本サンクチュアリがありますが、ここも今、京大の施設ですね。

伊谷 はい、私がいま、所属するここ、野生動物研究センターの遠隔地施設です。一九七〇年代から東大で、医学実験研究のためにチンパンジーの飼育が始まっていました。七〇年代の終わりには、製薬会社の子会社と厚生省が組んで肝炎とかエイズの研究のため、チンパンジーを現地（主に西アフリカ）から入れたんです。一番多い時で一一八頭いました。そのチンパンジーに対して、侵襲的な医療実験を行なっていたんです。今だに肝炎キャリアのチンパンジーが何頭も残っています。

三砂　薬の実験にそんなにたくさんのチンパンジーを使っていたのですか。

伊谷　元気なチンパンジーを肝炎やＨＩＶに感染させて、試薬が効くかどうかを試す、という実験をしていた。

大きくは、一九八〇年に日本がワシントン条約に批准したこともあり、類人猿を対象にした侵襲的実験を廃止しようとして研究者が動き出したんです（「アフリカ・アジアに生きる大型類人猿を支援する集い」）。その動きに逆行して製薬会社の子会社がむしろ侵襲的実験を進めようとしていたので、それを止めに入るために私たちがかかわり始めたのです。

最初はなかなか進まなかったのですが、その子会社の亡くなった先代の社長が理解のある人でした。その方と話をするようになって、二〇〇六年にようやく侵襲的な実験を全面廃止することになった。そして、何十頭もいるチンパンジーをさてどうするかという話になった。そこでチンパンジーを、健康とか長寿とかを考えるための研究対象にしてやっていこうと。それで二〇〇七年に私が最初の熊本サンクチュアリ（当時は「チンパンジーサンクチュアリ宇上」）の研究所長を務め、さらにその会社と交渉して二〇〇八年からは京都大学に移管させ、発足したばかりの野生動物研究センターが管理することになった。

ここの附属施設となってからは、学生たちも研究に行っているし、若い研究者も行っています。ここは日本で唯一ボノボが飼育されている施設ということになります。結構いろいろあったんですけど、まあ、とりあえず今は落ち着いています。

三砂　動物実験は日本だけですか。海外では禁止されているんですか。

伊谷　アメリカはまだやっていますね。ヨーロッパもまだやっているんじゃないですかね。ニュージーランドとかは、類人猿、ゴリラ、チンパンジー、オランウータンには人権を与えていますね。

いろんなところがそうした研究をやっていてわかってきたことなんですけど、仮にチンパンジーをＨＩＶに感染させても発症しないんです。エイズにはならないんです。それだったらそもそも実験する意味がないじゃないですか。そういうことがわかってきて。肝炎も治る病気になりましたから。そういう意味でいうと、実験をする価値自体がなくなってきています。

三砂　さらに、もう一つ伺います。二〇二二年現在、伊谷さんが長である、野生動物研究センターはどのようにできたのですか。

伊谷　できたのは二〇〇八年。でも動き出したのは二〇〇七年頃です。当時京大の総長だった尾池和夫（おいけかずお）さん（今は静岡県立大学の学長）が、「どうして京都大学には水族館はあるのに動物園はないのか」と言ったことに端を発します。その話が私の耳にも入り、「作ったらいいんじゃないですか」と安易に答えてしまった。でも、簡単にはできませんから、「じゃあ日本中に動物園はたくさんあるんだから、どこか既存の動物園と組んで連携事業というのを始めたらどうですか」と提案したんです。動物園と連携しながら動物の研究をするということです。それには研究機関が必要なので、私は野生動物研究センターの外部設置委員として、組織の骨組みとそこに配置する人たちについて考えました。私はその頃、林原類人猿研究センターの所長（一四七章参照）だったのですが、結局、私がここの教授として呼ばれることになりました。

林原にも参与として残り、併任することになったんです。そして二〇〇八年に野生動物研究センターの開設と同時に赴任したというわけです。いざやってみるとJMC設立当時の今西さんや伊谷さんがどんだけしんどい思いをしたのかがわかります。

4

研究者になるなんて思ってなかった。

犬山に生まれる

三砂　ここからは少し伊谷原一さんの個人史について、お聞きします。伊谷さんは、日本モンキーセンターがある犬山で生まれて、お父さまはじめ、多くの研究者を見て育っているので、伊谷さんしか語れないこともあると思うんです。伊谷さんはお父さまが学者、おじいさまは画家で大学でも教えていたことがある。学者一家に育っていますよね。

伊谷　でも、自分が研究者になるなんて、思っていませんでした。真面目にグレていました（笑）。高校二年生で家を出て一人暮らしを始めました。

三砂　家が嫌だったのかしら。

伊谷　そうでしょうね。一人で生きていきたいと思っていました。高校に通いながら、喫茶店やラーメン屋でアルバイトをして生活費を稼いで。

大学に行くかどうかも、微妙な感じの中、とりあえずなるべく遠くへ行きたくて、北海道の大学に進みました。大学では生活費に苦労しました。ちり紙交換やペンキ屋をはじめいろいろなバイトをやっていました。

小学生の頃から放浪癖があったので、少しお金を持ったら一人で電車に乗って出かけていました。その一方で、自然に親しむ機会も多かったですね。家のまわりには山も川もあったので、学校の帰りには川で魚摑みをしたり、山でクワガタを採ったり、農家の畑で柿をとったり……。

とにかく、できるだけ早い時期に、この足で四七都道府県の土を踏むと決めていました。でも、お金や時間の問題でなかなか進まず、達成したのは二六歳の時でした。

そうして若いのが一人で旅をしていると、いろいろな人と会う機会があるんですね。すると変なおっさんが、いろんなことを教えてくれるわけですよ。そういう人たちとの出会いが、自分には大きかったと思います。

そうこうするうちに、そろそろヤバいかなと思って大学に戻りました。学部の三回生で生物学研究室に入りました。すごく厳しい研究室で、朝七時には研究室にいなければいけない。昆虫の初期発生や細胞分裂などを研究していたのですが、実験用のコオロギやバッタの面倒をみなくてはいけないし、朝は先生とお茶を囲む習慣があったので。

三砂　朝から晩まで生活を共にする感じなんですね。

伊谷　その研究室は厳しいので有名だったらしいのですが、私は全然知らなくて。絶対に自分には合わない世界なんですけどね。

三砂　バイトばかりしていて、大学にほとんど来ていないんですからね。

伊谷　それでかえって燃えて、「ほな、やったろか」と徹底してやったら、先生からも、何かにつけて「これ、やっといてくれるか」と頼まれるようになりました。卒業間際に、この先はどうするんだと訊かれたとき、何も考えていなかったので黙っていたら、「大学院に行くか？」と言われ、「はあ」と、流れのままに。それで試験を受けたんです。

大学院での二年間は、毎日格闘の日々でした。正常で不等分裂をする神経原細胞を材料に、生きた細胞を見ながら分裂過程を追ったり、電子顕微鏡を使ってより微細な構造を見たり。全然おもしろくない。要は細胞が分裂する機構を調べるのですが、「細胞なんて放っておいても分裂するんだから、もうええやん」と思っていました。

結局、分裂の各過程における細胞内の微細構造変化について修士論文にまとめましたが、もうミクロの世界からは逃げたいと思っていました。

生協で昼飯を食べていたとき、自分に対する疑問がふと湧いてきたんです。「おれって何なんやっけ」、「人間やろ」、「人間って何やろ」と。父親とも以前よりは、話すようになっていたから、「人間ってなんやろ」みたいな話をちらっとしたら、「俺たちがやっているのは、そういう研究だ」と言われたんですよ。それで子どもの頃からよく知っていた加納隆至先生がいる琉球大学へ行くことにした。北海道から一気に沖縄に飛んだんです。

三砂　お父さんからしてみたら「ほれみい」という感じだったでしょうね。

伊谷　そうでしょうね。電子顕微鏡の世界から一挙にフィールドワークです。実は、父も顕微鏡が嫌いだったみたいです。

三砂　フィールドワークの世界はお父さんが切り拓いてきた世界であり、ご近所には今西先生もおられ、河合雅雄さんは赤ちゃんの頃から、山極壽一さんは高校時代からの知り合い。加納先生だって昔から知っていた。結局はそういう中に戻っていくことになったけれど、そこに至るまでの人生が長かったということですね。

伊谷　すごく回り道をしたし、紆余曲折しているけど、今から思うとそれがよかったのかなあ、と。ストレートにポンポンポンと来るだけが人生じゃありませんから。

三砂　結果としてその回り道が、今の研究に生かせていますよね。

アフリカに行きたかった少年

三砂　アフリカに行って霊長類学をやるんだと思って、沖縄へ向かったんですか。

伊谷　具体的に何かを考えていたわけではないのですが、そのときは、ただアフリカに行きたいと思っていたんです。それで加納隆至先生を訪ねました。

アフリカ行きは九月からと決まっていたので、それまでの間「何したらいいんですか？」と先生に訊いたら、「どっか行って何かせえ」しか言ってくれない。とりあえず、二万円くらいで五〇ccの原チャリを買って沖縄中を走り回っていたんです。ある時、名護に行ったら港から伊是名島に行くフェリーがあって、そのフェリーにバイクごと乗ったんです。行ってみると、伊是名島というのは沖縄では非常に伝統的な島でした。本部半島の北西にある小さな島なんですが、琉球王朝の尚円王を生み出した島でした。

当時の伊是名には何もなくて、たばこ屋みたいな商店が港の前に一軒と、ヒージャー屋と呼ばれる山羊料理の店が一軒と、民宿が二、三軒しかなかった。とりあえず島内をうろうろしていました。そのうち島の漁師と知り合いになって、沖縄の漁民を対象にした生態人類学的な研究をやってみようと思い至りました。

当時、たまたま沖縄にモズクの養殖業が入ってきていました。沖縄の漁師といえばそれまで伝統的な沿岸漁業をやっていましたが、それと並行して新しい漁業である養殖業を始めたところでした。伝統的な漁法と新しい漁業との違い。そういうところを見ようと思って、漁師に混じってシュヌイ（モズク）の養殖と、アギャーという沖縄特有の追い込み漁や刺網漁、銛（もり）つき漁といった伝統的な漁などを見ていました。〝見ていた〟というか、自分も〝やっていた〟わけですが。沖縄で漁師をやっている時に、「もう、ここでええか」とも思いました。

三砂　沖縄がフィールドでいいか、ということですか。

伊谷　もう、沖縄で漁師をしていけばいいかと。でも、加納先生にしてみれば、自分の先生の息子だからそんないい加減なことはさせないと思っている。とにかく論文をまとめろと叱られました。それで、とりあえず「沖縄県北部伊是名島のモズク養殖活動」（『沖縄民俗研究』、一九九〇年）を論文にまとめ、アフリカに連れて行ってもらうことにしました。その時、加納先生がボノボの研究をしていたのはもちろん知っていましたが、自分もボノボの研究がメインになるとは思っていませんでした。

三砂　沖縄に行った時点では、アフリカに行っている加納先生たちのグループのところへ行ったということなのですね。

伊谷　そう、とにかくアフリカに行けさえすればいいと思っていました。行けば自分で何か見つけるだろうと。

三砂　どうしてアフリカに行きたいと思ったのでしょう。

伊谷　子どもの頃から「俺はアフリカに行く」と決めてはいました。

三砂　お父さんが行っていたから、ですか？

伊谷　もちろん、その影響はあったんでしょうね。あとは、他の大陸に何の魅力も感じなかったということもあります。

三砂　その頃はまだおじいさまが生きてらして、あなたを画家か彫刻家にしようとしていた頃ですよね。

伊谷　小学生の頃は、父がアフリカばかり行っていて家にいなかったので、頻繁に祖父母に預けられていたんですよね。絵描きの祖父・伊谷賢蔵は、私を芸術家にしたかったようで、小学生の分際で祖父のアトリエで油絵を描いていました。誕生日プレゼントは四八色のコンテでした（笑）。小学五年生のときには、すごく上等な五本組の彫刻刀セットを与えられ、「何か掘ってみい」と言われたり。私としては、従わざるを得ないところもありつつ、ちょっと迷ってもいましたね。そのじいさんが一二歳で亡くなると、私は一気に解放されて、中学の三年間は好き勝手に過ごしました。

三砂 あなたは器用な人だから、意にそわないことでも上手にやっていたのでしょうね。おじいさんとしては、あなたをどうにかしたいという気持ちがあった。

伊谷 じいさんの子どもは誰も画描きになりませんでしたからね。

三砂 わが子の誰か一人でも、絵を描いてほしかったのでしょうか。

伊谷 五人の子どものうち、末娘はじいさんの弟子の洋画家と結婚しました。

私は絵を描いたりするのは嫌いではなかったんですが、子どもですから深くは考えていなかった。ただ、野球をしたいとだけは思っていました。じいさんも若い頃野球をやっていて、鳥取県代表で甲子園の大会に出るはずでした。米騒動で甲子園は中止になりましたが。じいさんとは野球を通じて話があった。うちの父は球技が苦手だったので、キャッチボールはじいさんとしました。

三砂 じゃあ、伊谷さんが育ってきた環境の中に、おじいさまの影響というのがすごく強かったんですね。

伊谷 じいさんとばあさん、二人の影響は大きいです。

三砂　そういう中でも、やっぱりアフリカなんですね。お父さまがアフリカから家に帰ってくるといろんな話をしてくれたのでしょうか。

伊谷　当時アフリカなんかに行く日本人はいなかったし、父はマスコミからも注目されていました。父は普段日本にいないことの罪滅ぼしなのか、日本にいる時は私をやたらと山に連れて行くんです。だから京都の北山なら私は地図なしでも歩けるんですよ。山に登ると、川に行って、手掴みで魚を獲る方法をひたすら教えてくれました。自然と親しむことがどれだけ素晴らしいかということを教えようとしていたんだと思います。それで影響を受けて、アフリカというのを意識するようになったんだと思います。

三砂　弟さんの伊谷樹一さんも京都大学で農学をやって、今はアジア・アフリカ地域研究研究科（以下ＡＳＡＦＡＳ）の教授をやってらっしゃいますけど、おいくつ違いでしたか。

伊谷　三つ違いますね。

三砂　樹一さんも同じような経験をしてらっしゃるのでしょうか。

伊谷　樹一は京都府立大学の先生と出会って、農学に目覚めたようです。彼は子どもの頃に網膜剥離であまり運動をさせてもらえなかった。高校では一時サッカー部に入っていましたが、網膜剥離を再発して断念せざるを得ませんでした。そんな時に府立大の先生と出会ったんです。彼は父以外のいろんな先生から影響を受けている。

三砂　お二人とも、京大の教授になられて、あなたは野生動物研究センターにいて、樹一さんはＡＳＡＦＡＳにいる。いずれにしても、アフリカに色濃く関わっていくことになったんですね。

伊谷　樹一は、アフリカには私より先に行っていると思います。たしか学生時代にマハレに遊びに行ってました。マハレはタンザニアですから、そこで影響を受けてその後のタンザニアでの仕事につながっていく。掛谷誠さんの影響も受けて弟子としてアフリカに入れ込んで、ＡＳＡＦＡＳに来たんだと思う。実は、私もＡＳＡＦＡＳの前身であるアフリカ地域研究センターに一九九五年までいました。

　琉球大学の頃に、ある日アフリカから帰ってきたら「研究室はなくなりました」と言われたんです。加納先生は京大の霊長類研究所に異動になり、武田淳さんは兵庫県立・人と自然の博物館に行った。佐藤弘明さんは一九九二年に浜松医大に行きました。「おれはどうしたらええねん」と言ったらアフリカ地域研究センターに行けと。そこのセンター長が伊谷純一郎さんだったんですよ。彼が作った小さな部局の研究センターでしたから。私はそこに長く居たんですが、私が出ていく時に樹一が入れ替わりで入ってきた。

三砂　結果として伊谷先生がつくったアフリカ地域研究センターは、その後、アジアの研究者も取り込んだ、現在はＡＳＡＦＡＳという、稲盛財団のつくった非常に大きな建物に入っているんですよね。

話は戻るんですけど、あなたは小学校の頃からアフリカに行きたいと思っていたというけど、それはなぜ？

伊谷　いつから、どうして、そうなったかというのは考えたこともないし、覚えてもいないんですが、ああいう父がいなかったらアフリカに憧れを持つことはなかったのは確かですね。ヨーロッパにも、アメリカにも興味がなかった。あっ、でもオーストラリアにはちょっと行きたいと思ったかな。

三砂　それはやっぱり、人が入っていない場所だから、ということ？

伊谷　そうです。パイオニアとして行ってみたかったからですね。

はじめてのアフリカ行き

三砂　はじめてアフリカ行が実現したのはいつですか。

伊谷　一九八四年の九月から加納先生のお供で行きました。
　四月の末ぐらいから伊是名島にいましたが、八月のお盆を過ぎたあたりで研究室に戻ってアフリカに行く準備に入った。今はそんなことしないけど当時は、アナカンというのがあったんですよ。

三砂　ありましたね。アナカンパニード・バゲッジ（unaccompanied baggage）の略なんですけど、別送便という扱いの荷物。

伊谷　現地で使う調査道具とかいろんなものをアナカンで送るための荷物をまとめたり発送準備をしたりしました。

三砂　最初はザイールですか。

伊谷　目的地はザイール。だけど当時は今みたいにフライトがスムーズではなかったので行くのが大変だったんですよ。日本からマニラ（フィリピン）、バンコク（タイ）、カラチ（パキスタン）を経由するルートでした。カラチから、アブダビ（UAE）に入って、そこからナイロビ（ケニア）。ナイロビで一週間くらい便待ちして、たしかカメルーンエアに乗り換えて、ブジュンブラ（ブルンジ）を経由して、ようやくキンシャサ（旧ザイール、現コンゴ民主共和国の首都）に着いた。だから日本を出てから結構時間がかかったんですよ。

三砂　はじめて行った時は、フライトは加納先生も一緒だったんですか。

伊谷　加納先生と安里先生と三人で。

三砂　安里龍（あさとりゅう）先生は琉球大学の栄養学の先生ですね。もうお亡くなりになりました。

伊谷　キンシャサでいろいろ準備して。ボエンデという赤道直下にある町のカソリック・ミッションに加納先生が車を預けていたので、その街まで国内線で飛んで、車をピックアップしてから約四〇〇キロ離れたフィールド、ワンバまで向かう。

三砂　じゃあ最初は、そのボエンデからまっすぐワンバに向かったんですか。

伊谷　キンシャサまでは安里先生も一緒だったんだけど、彼はそこで買い物をして後から追いかけるということになって、私と加納先生だけでボエンデに向かった。ところがボエンデに着いてみたら車が壊れていて動かない。それで、コーヒープランテーションの無線を借りてキンシャサにいる安里先生に連絡を取って、ウォーターポンプという部品を買ってきてもらうことになったんです。ところが、ウォーターポンプはアンゴラまで行かないと手に入らない。安里先生が行って、入手することになった。結局、ボエンデで彼を待つことになった。

ただ、ボエンデにいてもやることがないんです。それでまたしても「おまえ、どっか行って来い」って言われて……。

三砂　あの自転車を与えられて捨てられたというのは、その時の話ですね。

伊谷　そう。ボエンデの商店街の通りの自転車屋で、中国製のボロい自転車を見つけました。それをちゃんと組み立てて走れるようにして見せたら、「どっか行って来い」と。そんなこと言われても言葉もしゃべれないのに……と思いつつ。でも結局行ったんですよ。

三砂　どこに行ったんでしょう。

伊谷　ボエンデの南にサロンガ国立公園という大きな国立公園があって、いろんな動物がいっぱいいる。ボノボがいるはずだから、それを探しに行けと言われて。行っても簡単に見つかるものではないんですが。それでサロンガ国立公園を目指してずっと走りました。

三砂　フィールドに入って放り出すのが伝統だったとおっしゃっていたんですが、それは誰がつくったのですか。

伊谷　たぶん伊谷純一郎さんです。伊谷さんが自分の弟子たち、加納先生、伊沢さんらをタンザニアに連れて行って現地に着くと「疎開林にいけ」「サバンナに行け」と言って、それぞれを振り分けてそのまま放ったらかしにする、みんなそのやり方で育って、その後、下の世代の人たちにも踏襲されました。

私たちより少し上の世代は、すでにマハレができていたからチンパンジーを研究したかったらマハレに行けばいい、となっていました。ワンバも加納先生が確立して、黒田末寿さんが続き、その後北村光二さん（元岡山大学教授）という人が行ったりしてたけど、基本的には「一人で行って勝手にやれ」というスタイル。私は当然先生が面倒を見てくれるんだろうと思っていたら現地で放り出されました。

一週間か一〇日くらいして、ようやく安里先生が部品を持って合流した頃に私も自転車で戻ってきて、車を修理して、三人でワンバに行ったんです。その途中で、私が車を飛ばしすぎて壊し、大目玉をくらうんですが。

三砂　加納先生がそもそもワンバに入り始めたのはいつ頃なんですか。

伊谷　一九七三年。加納先生はその前年の一九七二年に西田利貞先生と二人で予備調査をしてるんです。船で当時のザイール川を遡って、ボノボがいるという情報を集めていて、おそらく生息しているだろうというのがわかって、翌年の一九七三年に一人でザイールに入った。そのときの苦労については前にお話ししました。

フィールドを探しはじめて五か月くらい経った頃、たまたまワンバにたどり着いてボノボが結構居るらしいということがわかった。それで最初はボンボリという村人の家に居候していた。ちょっとしてから広い土地を手に入れた。刺し網や釣り針などと交換して手に入れたらしいんですけど。そこに自分の家を建ててベースキャンプにした。私が行った時は、広い敷地に小さな家がポツンと一軒だけ建ってました。

三砂　その時点で加納先生はボノボの研究をやり始めて一〇年くらいですか。

スーダン
中央アフリカ
アルバート湖
ワンバ
ウガンダ
赤道
バンダカ
エドワード湖
コンゴ
ルワンダ
バリ
ブルンディ
コンゴ民主共和国
（旧ザイール）
キンシャサ
タンザニア
タンガニーカ湖
メルー湖
アンゴラ
ザンビア
400KM

伊谷　そうですね、一〇年経ってますね。毎年のようにそのベースキャンプに加納先生と黒田さん、北村さんなど、何人か行ってます。

もう一つは、ワンバのすぐ南を流れる川を越えてさらに南に行くとイケラのヤロシディという地域があって、そこもフィールドの候補として挙がっていた。そこには上原重男（元京大教授、故人）さんや石田英實（京大名誉教授）さんらが入ったことがあると言っていた。私も何年後かにそこには行ったんですけど、住民がどぎつい性格をしていて、決して研究滞在しやすい村とは言えなかった。

村からボノボが見られるフィールドまで距離があって、あまりいい場所ではなかった。森の中にイヨコと呼ばれる湿地帯があって、そこにボノボが来るんですけど、そこまで一日がかりで歩かなければならない。私はテントを張ってポーターを雇って食料を運ばせて、しばらくそこにも滞在しましたけど、結構過酷でした。たぶん、そういうこともあって加納先生はヤロシディよりワンバのほうがフィールドとしては適してると思ったんでしょうね。ある時から加納先生はワンバだけに集中するようになりました。

私は一九八六年に新しい車を入手してからあちこち走り回っていました。この国の赤道州のほぼ全域を走破しましたから。

三砂　加納先生は、七〇年代初めに現地に入った時からリンガラ語を覚え始めたのでしょうか。

伊谷　一九七二年に西田さんと行った時に、当時天理大学の先生がリンガラ語の教本を作ってたんですよね。教本といっても間違いだらけの代物でしたけれど、そのコピーをとって西田さんと二人で読んで覚えたと言ってました。

三砂　間違いだらけだとしても一九七二年に日本でリンガラ語を教本にするような人がいたということなんですね。

伊谷　ザイール時代、商社に勤める日本人が結構行っていたようなのです。当時の大統領モブツ・セセ・セコが、ザイール川の河口近くにマタディ橋という橋を架けるために日本の援助を受け、専門家や技術者を集めました。天理大の先生もその中に混じっていたのかもしれませんね。

ともあれ、その教本は当時唯一の教科書でしたよね。私たちも持っていましたけど、私はほとんど読みませんでした。現地を一人で旅をしている間に自然としゃべれるようになりました。

三砂　アフリカにフィールドワークに行く人というのは、とにかく現地の言葉を習得するというのが最初のやるべきことであると認識されていますよね。

伊谷　言語というのは、言語学者に言ったら怒られるかもしれないけど、私たちにとってはただの道具なんですよ。ただやっぱり言語が扱えるか否かによって現地での生活とか調査の進め方にも影響してくるのでどうしても、必要なんですよね。一緒に森を歩いてくれるトラッカー（森の中でボノボを追跡する現地人）たちとつながりを持たないといけませんし。私は現地言語の習得が必須だと思いますが、今の若い研究者たちはしゃべれない人が多いです。

四、五回連れて行っても、しゃべれない。私がいるからかもしれませんが。現地の人も、私がいたら私にしかしゃべりかけない。だから、彼らを一人にするとたぶんしゃべるようになるんでしょうね。

三砂　ザイールの言葉、リンガラ語は現地の共通語みたいなものですか。

伊谷　この国には公用言語が五つあるんですよ。一つはコンゴ中央部のリンガラ語、東の方に行くとスワヒリ語、南はチルバ語（ルバ・カタンガ語）、西に行くとコンゴ語（キコンゴ語）、それとベルギー領時代のフランス語。フランス語をしゃべれる人の多くは、セカンダリースクール、つまり高校を出ています。大抵の人は、リンガラ語かスワヒリ語かチルバ語かコンゴ語のどれかをしゃべるのですが、唯一、リンガラ語だけはこの国のどこに行っても通じるんです。東アフリカの共通語スワヒリ語は東の方しか通じないので、キンシャサで

1984年ワンバでのはじめてのフィールドワーク。左から加納先生、著者、右が安里先生

は通じない。

リンガラ語が全国で通じるのは、軍隊の言葉だからです。軍人は国中を回るので、そこで広まっていった言葉なのです。

三砂　リンガラ語は、もともとその言葉をしゃべっていたグループの人たちがいるんですか。

伊谷　リンガラ語の形成過程はよくわかっていません。私たちが入ったワンバの住民たちはガンドゥーという部族の人たち（ボンガンド）で、彼らはガンドゥー語（ロンガンド）という部族の言語をもっている。地域によって民族が違えば言語も変わります。例えば、私が最近通っているバリというところは、テケ族という人たち（バテケ）のテリトリーです。彼らはテケ語をしゃべる。リンガラ語ももちろん通じるんですが、彼ら同士はテケ語で会話をしているから、私たちは彼らが何を話しているのかはまったくわからない。

そのバリの近くの村にたまたま赤道州から流れてきた人たちが作った集落があって、その人たちはテケ語ではなく、ロンガンドをしゃべる。ワンバにいたので私も少しだけロンガンドをしゃべれるのですが、話しかけたら「なんでこんなところにロンガンドをしゃべれる外国人がいるんだ」と驚いていました。

三砂　一九八四年に行った時、加納先生はもう、リンガラ語はできたんですね？

伊谷　できました。加納先生はもうペラペラでした。

安里さんもかなりしゃべれました。安里さんは加納先生と私が森にいる間、村にいて、村人と付き合っていました。村の人たちの食べ物の栄養分析をしたりするので、上手にしゃべってましたよね。

三砂　はじめて行って自転車で回った後にワンバに入った、その時の最初のフィールドワークのことを聞かせてください。ボノボのいる森に最初から行ったんですか？

伊谷　そうです。ワンバに着いた次の日からです。「明日四時に起きろ、森に行くぞ」と言われて。真っ暗な森の中で懐中電灯を照らしながら、前日の夕方ボノボがベッドを作った場所へ向かいました。その時間はまだボノボは木の上で寝ているので、ボノボが起きるまでその木の下で待って、ボノボが起き出して移動を始めると、ずっとその後を着いて歩きました。その当時は、ワンバにボノボのグループが六つあって、そのうち二つは餌付けしていたので、途中から加納先生が「俺はこっちにつくから、おまえはあっちの集団を追いかけろ」と。それからはまた一人になって、ますます言葉を覚えるようになった。

三砂　フィールドワーカーにとって自分のフィールドを持つということが大事なんでしょうか。

伊谷　多くの人たちはそうは思わないし、実際そこにこだわる人も少ないんです。マハレも西田利貞さんがつくって、そのあとの西田さんの学生とか若い人たちが次々に行くようになって、データを取って論文を書くという作業をしていくわけですよね。同じように私もワンバではずっとそうしていた。ただ、私はある段階でそれが嫌になったんですよ。やっぱり他人のもの、加納先生がつくったフィールド、なわけです。

そういう場所は自ずと何らかのルールができています。そのフィールドに入る以上はそのルールを守らなければならない。仮に誰か一人がそれを破ったら他の人たちが困るので。私はそれが嫌だったんです。私をルールにしたい。そのためには自分で自分のフィールドをつくって自分のやりたいようにやるしかないんですよ。

三砂　それが、本来のフィールドワークの醍醐味というか、面白さだというふうに思ってらっしゃったということですね。

伊谷　そうですね。例えば人を対象にする研究だったらどこにでも人はいるのでフィールドはつくりやすい。しかし、ボノボのようにコンゴの、しかも限られた地域にしかいないような種を対象にすると、それを研究する場所を探すのがすごく大変で、それはもう本当に苦労しますよ。

二〇一六年に、三砂さんと一緒にバリに行きました。あのフィールドは二〇一三年に始めたのですが、あの基地は私のルールで動いているんですよ。

ボノボのフィールドワーク

三砂　フィールドワークを中心に博士論文を書いたり、いろんな論文を書いたりしてきたと思いますが、そこでボノボの研究をして、何を見つけることができましたか。

ボノボの覗き込み

伊谷 最初はどういう研究をしていっていいのかわからなかったので、加納先生から種子散布というテーマをもらいました。ボノボは果実食ですが、果実を食べるときに種子も一緒に飲みこむことがあります。飲みこんだ種子は消化されないまま糞に混じって出てくるわけですけど、森のあっちこっちに落とされる。言ってしまえば森中に種まきしているようなもの。そこで、その種子がどういうふうに散布されるのかや、ボノボの消化器官を通った種子と通っていない種子とでは発芽率がどう違うのかということを調べました。それが最初の仕事です。どっちかというとエコロジカルな内容でした。

途中から、メスの移籍について。移籍

というのは、若いメスがある年齢に達すると他の集団に嫁入りすることです。そういう社会を持っているのがアフリカではチンパンジーとボノボと、ブラジルに棲むウーリークモザル（ムリキ）もメスが移籍する父系社会ですが、あとは人間だけ。だから人間の社会で行われていることが、人に近いボノボとかチンパンジーの社会ではどうなっているのか、メスはどういうタイミングで集団から出て行き、どういう過程で新しい集団に入っていくのか。そのようなメスの移籍をテーマに仕事をするようになりました。

さらにそれをやっている時に、ひょっとしたら集団と集団の出会いということが契機になってメスの移籍につながっているんじゃないか、ということを思い始めた。

三砂　どうしてこの集団のメスがあの集団に移籍するのか、ということですよね。

伊谷　そう、どうやって新しく入る集団を選ぶのかというところには、集団同士の関係性が重要な要因になっているんじゃないか、と考えている時に、たまたまボノボの一つの集団のところへ他の集団がやってきて、二つの集団が一緒になってしまったんですよ。これは1章の今西錦司の人間の家族の条件のところでも言いましたが、もう少し詳しく話してみます。

当時、五百部裕（いほべひろし）さん、今は椙山女学園大学の教授をしています。彼をはじめて連れて行ったのですが、その光景を見て驚いてるんです。「ボノボはこんなに大きな集団を作るんですか！」って。彼は同じ一つの集団だと思ったんですよね。「いや、ここには二つの集団がおるんや」と彼に説明したら「だったら、なぜ喧嘩しないんですか？」「なんでやろな」とか言いあって。

全然違う集団同士、しかも片方の集団はそれまで観察したことのない集団、P集団というんですけど、この二つの集団がある時出会って喧嘩せずに仲よく一緒に過ごしている、という状況をはじめて発見したんです。

私たちの家族が人間の最小社会単位だとしたら、チンパンジーやボノボにとっては集団が最小社会単位ということになる。その最小社会単位がどういうふうに構成され、個体同士はどういう結びつきを持っているのか、というのは人間の社会を考える上では欠かせない要素だと思うのです。ヒト以外の霊長類というのは、高等なチンパンジーでさえ集団同士の関係は非常に拮抗性が強く、二つ以上の集団がちゃんと対等に付き合えるのは人間の家族だけだ、と言われていた。だけど目の前では、二つの別の集団が一緒に過ごしている。その光景を見たときに、私は一生かけてボノボを研究しようと思いました。

三砂　それが何年のことですか。

伊谷　その光景を最初に見たのが一九八六年。その後、一九八七年、一九八八年はその研究だけに費やしました。

一九八六年は何かに取り憑かれたように仕事をしていたし、私は普段はさぼって細かくノートをつけるようなことはしないけど、その年のフィールドワークの記録は膨大なものになりました。

三砂　ボノボの二つの集団が一緒にいるときには、どのような行動をするのでしょう。

伊谷　二つの集団が出会ったとき、平和的なイニシアティブをとるのはメスです。積極的に相手集団の個体に接近する。接近された方も、これを避けることはしないんです。覗き込み、交尾、性器こすり、尻つけをする。そしてグルーミングを行うようにもなる。

覗き込みは、相手の顔や手元をじっと凝視する行動で、何かを要求するような意味合いがあるらしく、覗かれたほうはできるだけ目をあわせないようにするんです。でも怒ったり、喧嘩になったりしない。性器こすりは、メス同士が抱き合って、互いの外部性皮を左右にこすりあわせる。尻つけは、オス同士で主にやりますが、メスとオスでも、メス同士でもやりますね。双方が後ろ向きになって、互いの尻を小刻みに接触させます。

ちなみに、ボノボは霊長類に一般的な後背位姿勢だけでなく、対面や座位などいろいろな姿勢で交尾をします。発情していないメスも交尾をしますし、射精を伴わない交尾も多い。このような交尾は、不安なとき、緊張したとき、争いごとの後などに起こるので、性行動というより、社会的関係を調整しているのではないかと考えられています。ボノボの社会では、「生殖」と「性」が分離しているのです。

三砂　あなたにとってボノボが最初に観察した大型類人猿なんですね。この世界でも、最初に見た動物を研究していくことになるみたいなのがやっぱりありますよね。

伊谷　一九八五年に私がワンバでの調査を終え、コンゴの首都キンシャサに戻ったら、ルワンダにいた山極さんから電報が届いていました。急いでキンシャサの商社から国際電話をしたら、「帰国せずにルワンダにきて、ゴリラの研究をやってくれないか」と。行くのはやぶさかではなかったし、このまま日本に帰らなくていいのなら、それに越したことはないと思いましたが、私は当時まだペーペーの駆け出しで自分の一存

ボノボのオスどうしの尻付け

メスどうしの性器こすり

で決められない。ひとまず加納先生に聞いたら一言「アカン」と言われて（笑）。

三砂　それで伊谷（原）さんはゴリラの研究にはいかなかったのね。

伊谷　そのころの選択肢は三つありました。一つは西田利貞先生のいるマハレに行ってチンパンジー研究をやる、もう一つは加納隆至先生のワンバに行ってボノボをやる。三つ目が、サンブルピテクスを発見した化石学者の石田英實さんのところに行って化石を研究する。そのころチンパンジーの研究は花形でしたが、結局、私はボノボに集中することにしました。

ワンバに永住？

三砂　ワンバは加納先生が作ったフィールドだったわけですけど、結局そこに何回行くことになるんですか？

伊谷　だいたい一年おきくらいに行ってました。まあ毎年に近いですけどね。パターンとしては秋に行って半年くらいかけて調査をして、春に帰ってくるみたいなことを続けていましたから。

三砂　沖縄からアフリカセンターに移っても、加納先生の班で研究していたのですね。

伊谷　そうです。まだ加納先生の隊に入っていましたから。その後しばらくして自分でも科研費を取って行くようになりました。

三砂　ワンバに通ったのは一九八四年から一九九一年で、九一年にザイールで暴動が起きたんですね。身一つでお帰りになるときに、ロンドンでお目にかかりましたよね。生きてよかったね、と(笑)。

伊谷　一九九一年は本当は丸々一年間、ザイールにいるつもりだったんです。でもビザの期限は通常半年で切れる。切れたらその時点で一度出国しなければいけない。それが嫌だったので、永住許可の申請手続きをしたんです。

三砂　永住許可って、申請しに行ったら取れるものなんですか。

伊谷　もちろん永住権を取るための条件というのはありますが、手続きには手数料しかかかりません。

三砂　それは在留許可のこと？

伊谷　在留許可とはまた違うんです。永住許可です。ずっと居てもいいし、途中で出たり入ったりしてもいいというもの。もちろん当地で仕事をしてもいい。簡単に取れるというものではないけど、私の場合はそれまでに現地ともいろんな関係が出来上がっていましたし、リンガラ語もしゃべりますし、こういう仕事があるからいなきゃいけないんですという理由もある。ザイールは日本みたいに就業率が高くない。首都にいる人たちの二、三%程度。だからちゃんと仕事を持っているというのは大きいんです。国からしたら、そこで働いて国に利益をもたらしているということがわかれば、居てもらったほうがいいわけです。しかも私が行くことによって、ある地域の雇用機会ができると判断される。

三砂 説得と書面で、なんとかなるということなんですね。

伊谷 イミグレーションにはだいぶ通いましたね。二週間くらい通って毎日話をしました。日本から書類、例えば無犯罪証明書とか、そういうものもいろいろ取り寄せて、自分がどういう人間なのかということを証明したり……。それでOKが出て、手続きに入りましたが、許可書が出るまで、数か月時間はかかります。で、キンシャサからワンバに一度戻って半年後にキンシャサに永住許可書を取りに行ったのです。そしたら、そこで暴動が起きた。

三砂 たまたまキンシャサにいたということですか？

伊谷 そうです。

三砂　いなかったらどうだったんでしょうね。

伊谷　もし許可が下りていたら、そのままワンバにいたでしょうね。ワンバは平和なものでしたよ。

ワンバの基地も、加納先生がつくった小さい家の横に、四倍くらいの大きな家を建てていたんですよ。それを見た村の人たちに「ゾウでも飼うつもりか」とからかわれたくらい大きな家。私が図面を書いて、レンガ（陽干しレンガ、泥土を木枠に入れて固め、陽に当てて乾かす）を積む職人を四人集めて、彼らに間取りから何から説明しながら建てていった。本来ならレンガは一列しか積まないところを、基礎は大事だから、三列並べて積んで基礎をしっかり固めました。そうすると天井も高くできるので部屋の中は涼しい。今だに古市剛史さん（現京大教授）は使っていると思います。まあ、そういう家もあるし、あとは家族でもつくって……一夫多妻ですしね（笑）。

三砂　その時は何を考えていたんですか。アフリカセンターの頃ですよね。

伊谷　別に帰らなくていいと思っていました。日本に帰ったってどこかの大学で講義するくらいだし、それだったらもういいかと。他にいくつか考えていたこともあった。

一つは、ワンバはお酒がすごく美味しいんですよ。最初にワンバに一緒に行った安里先生が現地の人たちに再蒸留という方法を教えたんです。そうしたら、きれいで美味しく強いトウモロコシの蒸留酒（ロトコ）ができるようになった。私はそれを銘柄にして売り出そうとしてたんです。ちゃんとラベルをつくって、瓶詰めして。その他にもヤシ酒やサトウキビの酒も作ることができる。ヤシ酒はビールみたいなもんです。

他にも、村人があんまりしないことがあって、彼らは鶏やヤギなどをたまに売りに行くんですけど、一羽とか一頭二頭で売りに行く。そうじゃなくて一〇〇頭単位で家畜を蓄えておけば、いちいち売りに行かなくても他所から買いに来るんですよ。数がいると単価が安くなりますからね。だから、村中の鶏やヤギを集めて「絶対に食べるな、殖やせ殖やせ」と言ってやってました。そんなことをやっていましたから、まあ自分が食べる分くらいはなんとかなるな、と。

三砂　そこでザイールのビジネスマンになり損ねたんですね。

伊谷　ワンバの村人たちは、例えば美味しいパイナップルを作っていても、家の裏に四、五本程度で、自家消費用くらいしか作らないんですよ。仮に、一〇〇メートル四方くらいの畑を作って、何列かずつ一年、二年ずらして植える、ということをすれば一年中常に美味しいパイナップルを収穫できる。パイナップルの植え付けから実の収穫まで二年はかかりますが。

彼らが作るのはせいぜいキャッサバぐらい。あれは種枝を土に挿しておくだけですからね。まあ、そうやって彼らがやらないことをやっていれば、食べていくのには何も困らないんです。

あと、私は大きなボートも持ってました。それに農産物などを積んで、川を下ってキサンガニという近くの大きな町に行けばいくらでも売れるじゃないですか。で、帰りに石鹸とか油とか村にないものを買って戻ってきたら今度それが村で売れるじゃないですか（笑）。

三砂 それで合間にボノボの研究をして、という人生設計を立てていたところ……。

伊谷 暴動によって、その計画もすべてなくなってしまったんです。

ボノボの孤児・ジュディ

伊谷 そうそう、その頃、密猟者に母親を殺されたボノボの孤児、ジュディとケマが家にいたんです。

三砂 そうか、ジュディちゃん。その話は論文にありますね。あの論文を読んでいると、

「あっ、この辺がワンバのフィールドワークのクライマックスやったんだなあ」という感じがします。

1991年5月14日、2頭のボノボの孤児がワンバ基地に運び込まれた。1頭（ジュディ）は推定年齢が3歳、もう1頭（ケマ）は推定年齢が2歳で、いずれもメスだった。彼らはワンバの北西約70kmに位置するシンバ森林（HAUT-ZAIRE州）で、母親が密猟者に撃ち殺されたために孤児となった。密猟者は、母親を食用肉として売りさばいたあと、残された子供を近隣のプロテスタント教会にペットとして売りに来た。ところが、ボノボがザイール政府指定の保護動物であることを知っていた教会の英国人農業指導員が、密猟者から彼らを没収し保護した。そのあと、この英国人は8カ月以上にわたってジュディとケマの面倒を見てきたが、突然別の地に赴任することになり、ワンバの調査基地にジュディとケマを連れてきた。

すでに長期間にわたって人間と一緒に生活してきた2頭の孤児は、人間に対する依存度が高くなっていた。本来ならばまだ母親にしがみついている年頃なので、人のわき腹にしっかりとしがみつき、決して離れようとしないくせがついてしまっていた。ひとりぼっちにされると、盛んにフィンパーを発しながら抱いてくれる人を捜しまわった。食物も野生のボノボはけっして口にしないバナナやパパイアなど、人間が与えるものはたいてい好んで食べた。慣れてくると彼ら2頭だけで遊ぶこともあったが、世話をしてくれる人間の姿が見えないと不安そうで、どことなく落ちつきがなくなった。それでも幼いケマの方は、人によりもジュディにより強く依存していた。(「野生集団に受け入れられた孤児」)

伊谷 近くにいるとボノボたちの頭の良さ、知性の高さというのをひしひしと感じていましたから。しゃべらないだけで、こちらの言うことは解るんですよ。

三砂 日本語でしゃべってたんですか。

伊谷 リンガラ語でしゃべっていました。

三砂 論文では、二頭を森に帰す試みを何度もしていますね。

伊谷 ケマはそれに成功し、もう一頭のジュディは失敗してしまいました。

〈ケース5〉7月28日、7:13、森の中でP集団を観察中、北の方からボノボの大合唱が聞こえてくる。P集団は盛んに鳴き交わしながら、その合唱の聞こえてくる北の方に移動を始め、また北の合唱も徐々にP集団の方に近づいてくる。7:19、P集団とE1集団が遭遇する。両集団の個体は完全に入り混じり、あたりはボノボの叫び声で騒然となる。7：55、少し静かになり、各個体は樹上あるいは地上で採食を始める。7：58、集団遭遇の中心部にジュディとケマを放置して、私たちはその場から離れる。ジュディとケマは悲鳴をあげながらすかさず私たちのあとを追い、戻ってきてしまう。8：11、ジュディを単独で放置する。私は下生えにうずくまって隠れるが、すぐにジュディに見つかってしまう。8：23、ケマを単独で放置する。ジュディをトラッカーに抱かせ、私とトラッカーは別の方向に向かって走る。そして、途中で下生えの中に身を隠す。8：57、トラッカーを呼び戻してケマを探したが、ケマはどこにも見あたらない。E1集団とP集団は分かれ、それぞれ北東と南東に向って移動したらしい。

この3回の試みで、ジュディとケマに関心を示したのはいずれもP集団のメンバーであった。私たちはP集団のあとを追うことにした。午前中いっぱいP集団を追跡したが、ケマを抱いている個体を確認することはできなかった。午後になって湿地林でP集団を見失い、結局その日は再びボノボに出会うことはなかった。

翌7月29日、私たちは二手に分かれ、早朝からE1集団とP集団の両方を探しに行くことにした。そして、P集団の昨夜の泊まり場を見つけ、そこでP集団の若オス

保護されていたジュディ（左）とケマ

（アジ）のベッドの中にいるケマを確認した。彼らはまだ完全に起き出しておらず、ケマはアジの腹にしっかりとしがみついていた。ときどき他の個体がアジのベッドに近づき、ケマをじっとのぞき込んでいたが、コドモたちがしつこくのぞき込むと、アジが手で彼らを追い払い、ケマを守るような仕草も見られた。しばらくして、P集団はベッドから起きだして移動を始めたが、ケマはしっかりとアジの腹に抱かれたまま、P集団のメンバーと一緒に森の中に消えていった。こうしてケマはP集団の養子として迎えられ、なんとか森に帰ったのである。（「野生集団に受け入れられた孤児」）

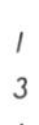

伊谷　ジュディは森に帰すことができなかったので、孤児施設に入れるしかありませんでした。自分の永住権の許可書をもらうのとあわせて、ジュディの輸送許可と孤児施設への受け入れの許可も取ろうとキンサシャに向かいました。結局、私がキンシャサに行って不在にしている間、ジュディはまったく食べなくなって死んでしまいました。私はキンシャサで暴動に巻き込まれ、コンゴ共和国へ緊急避難し、日本に送還されてしまった。先ほども出ましたが、三砂さんとロンドンで会ったときです。

うちの手下（使用人）たちにジュディには「こうやってちゃんと水をやってくれ」「こうやって食べ物を食べさせてくれ」と全部指示していったので、彼らもちゃんとやっていたと思うんですけど、何度食べさせようとしても食べようとしなかったそうです。結局最後は死んでしまった。

三砂　保護のむずかしさ、といったことも論文には書いてらっしゃいますよね。

伊谷　そのことも含め、暴動でいろんな予定がかなり変わったんですよね。

加納先生はナイロビに居て様子見してみたらどうか、と言ってましたけど、一〇年もナイロビに居たら死にますよ（笑）。

九〇年代のアフリカ

伊谷　でも、一九九一年に暴動が起きて引き上げてきてからも、やっぱり落ち着かないんで、懲りずに、翌年の九二年になって今度は、別の国ではあるんですけどコンゴの西隣にあるブラザヴィルコンゴ（コンゴ共和国）という国に行くんです。そこにはツェゴチンパンジー（中央チンパンジー）というチンパンジーがいて、その研究を始めるんです。チンパンジーは四亜種いて、それぞれに〝東〟と、〝中央〟と、〝西〟と、あとは中央と西の間に〝川向こうの〟（クロスリバー、いまはナイジェリアチンパンジーとも言う）チンパンジーという呼び名がついているんですよ（笑）。

三砂　〝川向こうの〟チンパンジー、おとぎ話みたいな名前ですね（笑）。

伊谷　ツェゴチンパンジーはまだあまり研究されていなかった。加納先生は以前からツェゴチンパンジーの研究をしたいと言っていたので、「じゃあ、私が行ってきましょう」と。

九二年に実際にブラザヴィルコンゴの南西にあるガボンという国境付近の地域まで行って調査を始めた。

ただ、悲惨なことにブラザヴィルコンゴ滞在中に今度はクーデターが起こるんですよ。で、結局またそこも追い出される。まあ、本格的にやばくなる前に私は逃げたんですけど。大変でしたよ。ホテルの前に戦車が停まっているんですよ。「いつ来てん⁉」(笑)。

三砂　ブラザヴィルコンゴもリンガラ語が通じるんですか。

伊谷　ブラザヴィルコンゴもリンガラ語は通じるんです。あとキコンゴ語も通じる。内紛さえ起こらなければ、基本的には住みやすい国ですし、住民もザイールより紳士的です。ロシアの影響でちょっと社会主義が残っているから、どんな田舎に行っても物の値段が都会と変わらない。とりあえず、森の中に小さな小屋を建てて調査を始めた。

そのフィールドはワンバと違って、まわりに住む人もいない、完全に森の中。村からは一日半くらい歩かないとつかないような場所だった。

三砂　その時はチンパンジーに会えたんですか。

伊谷　会えました。そこでは「ツェゴチンパンジーの分布」という論文を書いています。

三砂　その頃日本の所属はどこだったんですか。

伊谷　アフリカ地域研究センターです。で、九二年のクーデターで追い出されてからは、九三年、九四年とアフリカでは何もできなくなって、その頃に関西四県（京都、奈良、和歌山、滋賀）のニホンザルの生息実態や、沖縄の伊良部島で調査をしました。カツオ船とかマグロ船に乗って、そこで漁民の調査をしばらくやってました。

三砂　そのあとタンザニアに行くんですか。

伊谷　そうです。このまま日本にいてもしょうがないということで、九四年の春に加納隊の隊員会議が開かれて、調査費はあるからどうするか、というのをみんなで相談した。それで、古市（剛史）はウガンダのカリンズに行く、五百部（裕）がタンザニアのマハレに行く……。

だいぶ悩んだ末に「先生が食べるものにも苦労したタンザニアのウガラに行きます」と言ったら、加納先生が「お前、絶対死ぬから誰か連れていけ」と。そこで、小川秀司さん（現中京大教授）に「小川、お前体力ありそうやから、俺んとこ来い」と無理やり引き込んで、二人でやり始めました。小川さんはもともとチベットモンキーをやっていた人で、アフリカに行きたいといって加納隊に入ってきたばかりだったんです。

ウガラというのは、アフリカ大陸の中でチンパンジーが生息している東の限界域なんですよ。普通チンパンジーは森の中にいるんですけど、ウガラのチンパンジーは疎開林と言われ、木がまばらにしか生えていない乾燥帯に住んでいる。そこはまだちゃんと研究した人がいなかった。加納先生がウガラに行ってから三〇年経って九四年に私が行くということになった。植生や食物の調査とか、ウガラ全体にチンパンジーの集団がいくつぐらいいて、各集団がどの程度の遊動域（行動範囲）を持っているのかといった、加納先生のやり残した調査を行って、論文に書きました。

そこでの調査のときに、南部を旅していた小川さんが大きな発見をしました。今までチンパンジーが生息しないと思われていた地域での生息を確認し、チンパンジーの生息南限を更新したのです。

三砂　今はチンパンジーの生息域はどの範囲と考えられているんですか。

伊谷　加納先生の論文が大元になっているのですが、東の端はウガラ川左岸（東経三一度一分）、南の端はワンシシ丘陵（南緯六度三八分）でしたが、小川さんはタンガニーカ湖の南岸地域ルクア（南緯八度）でチンパンジー生息を確認したのです。うれしかったですよ。ルクアにチンパンジーがいるということは、祖先が南回りで森へ入った可能性が出てきます。

三砂　南回りの意味について、もう少しご説明ください。

伊谷　先ほどお話ししたように、チンパンジーの祖先は乾燥帯近隣で誕生し、その後森林に移動したのではないかと考えていますが、北回りで移動したのか南回りで移動したのか、わかっていませんでした。でもタンガニーカ湖の西側、つまりコンゴ民主共和国の熱帯雨林に入るには北より南から入ったほうが断然近い。しかも北回りの場合には、大きな火山やコンゴ川が邪魔をします。南回りならそれがないから入りやすいのです。これはあくまでもチンパンジーの祖先が東アフリカにいたという前提でのことですが。

三砂　チンパンジー祖先が元来は乾燥帯にいて、そこから森に入ったという仮説を一歩進めることができたということですね。西のほうはどうなんですか。

長期には小屋を建てて観察（ウガラ）

食事は伝統食であるウガリと小魚のダガー（ウガラ）

伊谷　西は残念ながら、まだちゃんと勉強をしていません。アメリカ・アイオワ州立大学の人類学者ジル・プルエがセネガルの乾燥帯で興味深い研究していますし、ギニアやコートジボワールなどニシチンパンジーの研究は数多くあります。私が調査したことないので知らないだけです。

三砂　西のチンパンジー研究には、日本人はかかわっていないのですね。

伊谷　西田・加納のひと世代下にいた杉山幸丸（すぎやまゆきまる）さん（京大名誉教授）が、みんなが東をやるのなら自分は西をやろうとギニアに飛んで、奥地を歩き回った結果、ボッソウというところでチンパンジーを見つけました。杉山さんの発見はすごいんです。アリ釣りどころかナッツ割りというさらに高度なチンパンジーの道具使用を発見していますから。ボッソウでの研究はまだ続いていますが、残存しているチンパンジーが少なすぎるので、いずれ消滅するかもしれません。

三砂　西のチンパンジーのほうが高度な道具使用をしていたということですね。

伊谷　まあ、食べ物に合わせているからなんですけどね。堅いヤシの実を食べようとすれば、歯では割れない。石の台座を置いて、石のハンマーで殻を割る。つまり道具を二つ使っているのです。

三砂　すごい。

伊谷　さらにすごいのは、石の表面には凹凸があるので、それを平らにするためにもう一つ石を挟み、台座を水平にしてそこからハンマーで叩き割るという。

三砂　それはまたすごい。伊谷純一郎さんから始まった日本の霊長類学は、チンパンジーに関しては三代目頃に東西南北のリミットを日本人研究者が確定してきたというわけですね。

伊谷　東と南の分布限界域は日本人ですが、北と西は日本人ではありません。ただ、一つの大学だけでアフリカにこれだけのフィールドを持っている国は他にありません。アフリカ大型類人猿の生息地のほぼすべてをおさえていますから。

さらにアフリカ中央部、コンゴ共和国のヌアバレ＝ンドキ国立公園となっている地域でも調査が行われました。そこはちょっと内輪揉めがあって、アメリカに取られてしまったのですが。ニシローランドゴリラとツェゴチンパンジーが共存しているフィールドです。加納先生がずっと「ツェゴをやりたい」と言っていたのを覚えていたので、ツェゴを見にいったのですが、ンドキに行くと揉めるしややこしいから、私はガボンとの国境に向かったのは先に述べたとおりです。

山極さんたちが、ニシゴリラとツェゴチンパンジーの共存するガボンのムカラバ＝ドゥドゥ国立公園で調査しています。

三砂　いまも日本では餌付けをして観察しているのですか。

伊谷　日本は餌付けを完全にやめて、ひたすら追いかけて人に慣れさせる「人付け」という方法に切り替えました。初期に加納先生がワンバで餌付けをして観察ができるようになりましたが、ちょうど同じ頃ザイール（当時）でアメリカの研究者は「人付け」でボノボを研究していたのです。

「人付け」というのは、対象動物の生息地に毎日通い、人に慣れさせる方法です。動物は人を見ると警戒して逃げます。でもわれわれは危害を決して加えない、ということを動物に理解してもらう。「あいつらが来るのはいつものことやから、大丈夫や」という感じで慣らしていくのです。

三砂　いま日本の霊長類学のオリジナリティはどこにあると言われているのでしょう。

伊谷　観察手法で言えば、個体識別ですね。欧米では、「野生動物に一頭一頭名前をつけるなんて、ありえない」といわれる時期があったんですよ。そんなのはAの一番、Aの二番でいいんだ、と。ところが日本人は半野生ウマやニホンザルの研究ですでに個体識別をやってましたからね。

タンザニアのゴンベでも、最初は餌付けをしていました。ゴンベではチンパンジーにポリオが流行ったとき、餌付け用のバナナの中にワクチンを入れて食べさせたおかげで大事に至らなかったんです。餌付けしていなかったら全滅していたと思います。

三砂　今とその頃ではタンザニアもずいぶん、違いますね。

伊谷　変わりましたよ。私が行ってから三〇年近く経ちますが、ウガラは本当に無人地帯で、私たちが歩いている上ではずっとハゲコウが鳴き続けていて、いたるところにゾウの糞が散乱していて、ちょっと藪に入ればライオンの足跡だらけでした。こんなところにいたら加納先生が「お前は死ぬわ」と言った意味がやっとわかりましたけど。

一緒に行った小川さんはすごくビビっていました。二人で歩いている時に、突然正面からドドドドってバッファローが突っ込んできたんです。私が必死でカメラを構えようとしていたら「本当にいるんですね！　でも、そんなことしてる場合じゃないでしょう」って怒られたりして（笑）。何が起こるかわからない、ああいうのは、私にとってはすごく楽しいんですけどね。

明け方にゾウの大群に囲まれたりしたこともありました。原野にテントを張って寝ていたら、テントの横に七〇頭くらいのゾウが集まっていました。その時も小川さんと一緒だったんですが、「テントから出るな、じっとしとれ、声出すな」と私が囁くと、小川さんが「なんですか？　どうしたんですか？」と言うので「うん、ゾウの大群や」。小川さんは「伊谷さん、くれぐれも写真なんかとらないでくださいよ」って。そやけどこんなチャンスないしな。

三砂　ゾウの群れは一晩中ずっといた……。

伊谷　おそらくゾウたちにしてみれば、自分たちが移動する途中にテントのような見たこともない異物があるから、気になったんでしょうね。三時か四時頃に来てそのままずっと、朝まで近くの河辺林にいましたね。

ライオンなんかより、ゾウの方が圧倒的に怖いですよ。でもゾウは賢いから、わけのわからないものに対して手を出すことはあまりないんです。ただ、人間が姿を見せると、人間は敵だと思っているので、襲ってくるでしょうね。

今はそういうことがないんですよ。フィールドに行ってもなかなかゾウなんか見られないし、ましてやライオンなんか滅多に会えない。

三砂　それは生息数自体が減ったということですか？

伊谷　それと、人間が活動範囲を広げたせいで、行動域をどこかに移してるんでしょうね。ウガラの場合は南の方に移動したんだと思います。南の方にカタヴィ国立公園という公園がありますから、そっちの方へおそらく逃げ込んでいるんだと思います。

5

チンパンジーの集団を育てる

女性は一人で子どもを産めるか

三砂　私が人間の妊娠出産の研究をしているからか、先日、人類学者の友人に電話でこう聞かれたんです。「人間は一人で出産できないのよね？」と。驚いて聞き返すと、「人類学では『人は介助者なしでは出産できない』ということになっているけれど、それでいいのよね？」と言うので、「いや、よくないと思う。介助者がいなくてもお産はできる。一人で産んで一人で取り上げることはできるし、そうする人もいる。なぜそんなことを聞くの？」と返したんです。

人類学では、「人間の赤ちゃんは、産道を回旋しながら出てくるときに、背中を上にしたうつ伏せの姿勢になっているから、お母さんは生まれてすぐにわが子を抱き上げ、授乳することができない。だから人間のお産には必ず介助者が必要なんだ」と、なっていると友人は言うのです。他の霊長類では、回旋をせずに仰向けの状態で生まれてくるから、メスは産み落とした瞬間に抱き上げ、そのまま授乳できるのだ、と。K・R・ローゼンバーグとW・R・トリーバスンの論文（「出産の進化」「日経サイエンス」二〇〇二年四月号）に、そう書いてあるそうなんです。

「いやいや、顔が下になって生まれてきたって、お母さんが向きを変えればいいんだし、その姿勢のままで授乳もできる。一人で産むことには何の問題もないと思うよ」と答えました。でも、「人間は一人でお産ができない」と論文には書いてある。そこで私もその論文を読んでみました。著者は人類学者であるとともに助産師でもあり、つまりお産を知っている人のはずなのですが、やっぱり人間は一人では産めないのだということが諄々（じゅんじゅん）と書いてあった。人間は出産に介助が必要だからこそ、互助関係が生まれたとまで書いてあって、ちょっと言い過ぎではと思ったのですが、その一方で、そうか、西洋では第二次世界大戦以前から分娩台に寝かせた状態でのお産が当たり前で、しゃがんだ姿勢でのお産を見る機会や文化がなかったからなのかな、とも思ったりしました。

私が指導していた博士課程の学生だった松本亜紀さんが、伊豆諸島の青ヶ島でフィールドワークをしていたのですが、そこには昭和四〇年代頃まで、お産のための小屋がありました。女性はみな、「他火小屋（たびごや）」と呼ばれる小屋で出産をするのです。

小さな島で医療者は皆無、でも女性には生まれたときから、少し年かさの女性が「こうまて親」（子を産ませる親）という見守り役につく。これは初潮などさまざまな儀礼に付き合いながら女性としての知恵を授けていくというポジションで、お産のときにも付き添ってくれます。「こうまて親」になるのに妊娠・出産経験の有無は問われません。出産の日は他火小屋に張り付いて見守りますが、赤ちゃんを取り上げてお母さんに渡したり、赤ちゃんの世話をするといった実際の産婆作業は一切しません。こうまて親は、小屋の外に待機して、中で女性が出産に集中できるよう、周囲の環境を整え、支援する人なのです。余計な人が入らないよう見張ったり、妊婦が煮詰まっているなと感じたら手を叩いて目を覚まさせたり、お湯を運んだり。お母さんと赤ちゃんにはけっして触らない。そしてその支援は、出産後も続くのです。

医療機関のない島では、第三者がお母さんと赤ちゃんに触らないということは産褥熱（さんじょくねつ）や感染症の予防にもなっていて、実際に感染症で死亡する乳児がいないというデータもあるほどです。つまり「こうまて親」は介助者とも呼べるけれど、私たちがイメージするような産婆的な介助をしているわけではない。女性は一人で産んでいるのです（松本亜紀「青ヶ島の〝タビゴヤ〟と出産」二〇一八年津田塾大学国際関係学研究科博士論文）。

以前に伊谷さんは「実はチンパンジーも人間と同じように回旋し、背中を上にして生まれる」とおっしゃっていました。そして、いくつか論文を送ってくださいましたよね。その中には、大型類人猿も人間と同様だという論文がありました。青ヶ島の他火小屋風習を調べていた私の院生は、それらを引用しながら論文を執筆しました。

伊谷さんは、林原類人猿研究センター（GARI）という観察施設で、親代わりをしながらチンパンジーを育てていたことがありますね。チンパンジーとの間にしっかりした関係性を築いていたからこそ出産を観察できたのではないかと思います。人間を考える上でも、類人猿の出産について、私自身、とても興味があります。ここでは、まず、そもそもなぜ林原類人猿研究センター（GARI）をつくることになったのか。その経緯を含め、お話しいただきたいと思います。

林原類人猿研究センター（GARI）はこうして生まれた

伊谷　一九九六年のことです。岡山に「株式会社林原」という「トレハロース」という糖質や肝炎の治療薬「インターフェロン」の製造で有名な会社がありました。「林原」は当時、モンゴルのゴビ砂漠で恐竜の発掘調査をし、そこで発掘した化石を使って、岡山駅前に自然史博物館をつくるという構想を描いていました。そのプロジェクトを進めるにあたって、博物館準備室が加納隆至先生とコンタクトを取ったようなんです。ある日突然、私は大阪の豊中市にある阪急千里中央駅前のホテルに呼び出されました。そこには加納先生と知らないおじいさんがいて、加納先生が「お前、岡山行け」って言われたのが事の始まりです。

後でわかったことですが、その博物館の準備室長をされていた石井健一さん（故人）は、元神戸大学の貝の化石研究者で、その前に在籍していた大阪市立大学で、私たちの霊長類グループと東南アジアで研究をご一緒したことがあったようでした。そのときはその方のこともわからないし、林原という会社の名前さえも知らなかったのですが、とにかく石井先生が加納先生とお知り合いだった関係で、「行け」と言われ、「はあ」と答えて、岡山の林原にかかわることになりました。

最初のうちは、ゴビ砂漠での恐竜発掘調査や研究を、博物館の展示にどう生かすかという、博物館の展示開発が仕事でした。でも私はまったく興味がなくて。「今年の夏はモンゴルに行って、発掘調査に加わってくれ」と言われても、「そんなクソ暑いところで、なんでトカゲの死体を掘らなあかんのですか、嫌です」と断ったくらいです。「どうしてもモンゴルに行けと言うのなら、遊牧民の調査をさせてください。それができないのなら行きません。それでも行かなければならないというのなら、私は辞めます」と。

「そこまで言うのなら遊牧民調査をしてもいいけど、一体何をしたいんだ。博物館をどうしたらええんや」と室長から言われたので、こう答えました。

「博物館を作るというけれど、恐竜だけを見せたからって何になるんですか。科学は人間の未来に還元されるものでなければ、やる意味がない。恐竜を展示するのなら、恐竜からどんな流れを経て今の地球環境ができあがり、人間がでかいツラをして生きるようになったのかを伝えなければ、自然史博物館とは言えませんよ」そう、啖呵を切ったんです。

「そこまで言うなら、自分で何か考えろ」ということでしたが、恐竜の展示についてはすでに準備室内でかなり議論されていました。そこで恐竜時代のあとに台頭してくる食虫類(霊長類の祖先)からヒトの誕生にいたる過程をストーリー仕立てにして展示することを考えました。この筋立ての場合、最後は霊長類、人類に行かざるを得ないですからね。

しかし、このプロジェクトは、一向に進む気配がない。これに付き合っていたら絶対おもしろくはならないだろうと、私は別の案を考え始めます。まず博物館を支える柱になる研究所を作り、そこでの成果物を博物館に展示すれば手っ取り早いし、説得力が出ますよ、と工程表を作成したのです。最終的に人間にたどり着くなら、人間に最も近い動物である類人猿を扱ったほうがいいから、とりあえずチンパンジーを飼育する研究所を先に建てませんか、博物館ができたときに研究所の成果やチンパンジーそのものを展示すれば、ずっと話題になりますよ、とプレゼンしました。ずいぶん反対もありましたが、何とかこの案を押し切ったんです。

林原の経営陣の最大の不安は「チンパンジーが手に入るのか」ということでしたが、これは問題がなかった。というのも、私はそれまで熊本県にある製薬会社関連施設で、医療実験に使われていたチンパンジーの救出活動に携わっていて、あてがあったからです(3章参照)。さっそく二〜四歳のコドモのチンパンジー四頭を引き取り、研究所を作ることができました。それが「林原類人猿研究センター(GARI)」の始まりです。

ところが一銭にもならない研究所に企業が大金をつぎこむわけもなく、人件費が非常に乏しかったため、最初、研究員は私一人でした。その後、一人では無理だと何とかお願いして知っている院生などを採用してもらい、三人で飼育を始めました。一九九九年のことです。

当時、私は動物園や他の研究施設のように飼育者と研究者が別々なのはおかしいと思っていました。自ら飼育をしながら研究に必要なデータをとったほうが、チンパンジーとの間に関係が構築でき、より深いことがわかるはずだと考えていたのです。二人の若いスタッフはとても優秀で、この方針にも納得してくれました。

本当に小さなプレハブの建物の脇に一〇メートル四方ほどの放飼場を設置し、そこで四頭のコドモチンパンジーたちを飼育しました。今振り返ると楽しかったですが、しんどくもありましたね。三人で四頭のチンパンジーを見始めたのですが、途中で限界が来て、スタッフは一人一頭ずつのチンパンジーの面倒を見て、私が二頭を受け持つことにしました。家にも帰らず、二四時間ずっと研究所にいました。今そんなことをやったら怒られますけどね。でもそうするうちに、チンパンジーと私たちの間には特別な関係がいくつもできてくるのがわかるんです。それでずっとその体制を続けました。

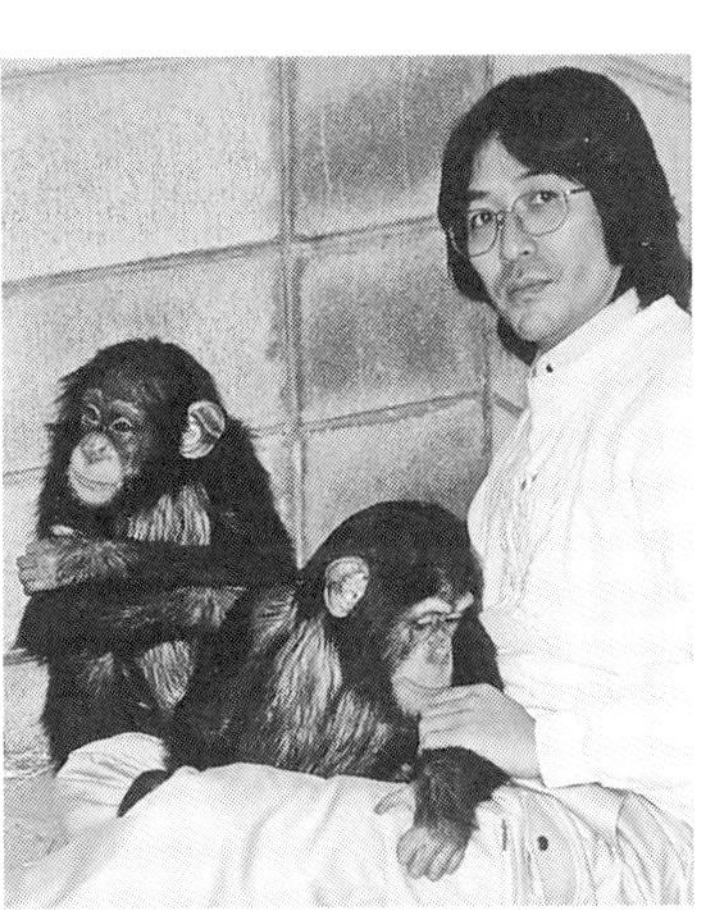
チンパンジーと著者（GARI）

チンパンジーは猛獣で危険動物ですから、通常は同じ空間で人間が触れる状態での直接飼育はしません。でも私たちの場合はかれらがコドモの頃から直接飼育をしていたので、成長後も問題がなかった。毎朝一頭ずつ「おはよう」と呼んで体重と体温を測り、身体検査をして具合の悪いところがないか確認する。何もなければご飯をあげて運動場（放飼場）に出し、

「じゃ、次！」と。それを毎日繰り返すのです。

野生ではできないことを

三砂　研究者と飼育者を分けるべきではないと、そのときにはすでに考えておられたのですね。ずっとそのように思われていたのですか？

伊谷　本来、研究と飼育を一緒にしてはいけないと思っていました。でもＧＡＲＩの目的は研究ですから、動物園のようなやり方をしていては意味がありません。人材も限られていましたし。もっとも、動物園は一種だけを飼育しているわけではないので、何もかも一人でやるのは無理だと思いますが。

三砂　研究する人が飼育をするということ自体、他ではやっていないことだったのですか。

伊谷　他ではやっていませんでした。その意味で、ＧＡＲＩはスタート時点から独特だったと思います。例えば霊長類研究所でも、一部の研究者は実験室や飼育室の中に入りますが、必ずサポートする別の人が付くというようにやっていました。研究者が餌やり、部屋の掃除、放飼場の管理をすることもありますが、それらは基本的に飼育員の仕事です。

三砂　なぜ、伊谷さんは、飼育下の研究である以上、研究者も飼育員と同じことをやるべきだと思ったのですか。

伊谷　チンパンジーは知性も理解力も観察力も高いので、かれらにわれわれのすべてを見せてみようと思ったのです。その代わり、われわれもかれらのことを近くで見る。そういう関係をつくりたかった。

　研究資金が乏しかったし、社内でも理解が得られていなかったので、話題性をつくりださなくては、という気

日課となっていた体温測定（GARI）

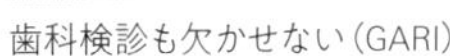

歯科検診も欠かせない（GARI）

持ちもありました。他ではやっていない特別なことをしていれば、会社としてはお客さんに見せたくなりますし、お客さんも喜ぶんじゃないですか。話題になってGARIの名前が世に出れば、会社は動かざるを得ないだろうと思ったのです。

研究施設の場所は瀬戸内海に面した片田舎の集落の中でした。会社の土地・家屋ですから、会社が出費したのはプレハブ建設代くらいで、痛くもかゆくもなかった。放飼場の設備や構築物も、われわれ三人が自前でつくったものです。ジャングルジムを建てたり、建物の屋上に拾ってきたバスタブを載せて、そこから水が流れるような滝を作ったり、最後はユンボ（掘削用建設機械）まで持ち込んで地面を掘り、川や池をつくったり。本当にゼロから何もかもやりました。ザイール（現コンゴ民主共和国）の暴動が内戦へと発展したため、ボノボの研究が中断してしまい、もちろん、アフリカ（コンゴ共和国やタンザニア）には相変わらず行っていましたが、フィールドワークをどうしようかと悩んでいた時期です。

三砂　チンパンジーやボノボの研究を通して、やっぱり自分で飼育しながら研究したほうがいいと直感したということですか。

伊谷　野生の観察だけではできないことをやろうと思ったんです。

京都大学・霊長類研究所のグループと共同研究や情報も交換していましたが、当時はフィールドワーカーと非侵襲的であっても実験系の研究者が同じテーブルにつくことはめったになかった。チンパンジーを研究することでヒトを知りたいという目的は同じなのに、同じテーブルにつかない意味が、私にはまったくわかりませんでした。「そんなん、いろんな角度から見たらええやん」と思っていたのです。山にしても、こっちから登る道もあればあっちから登る道もあって、いろんな道から登ったほうが、その山のことがよりよくわかるでしょう？　ずっとそう説いて回っていました。

それと同じような発想で、フィールドワーカーである私が、飼育下のチンパンジーの研究に携われば、違うところが見えるし、まわりにも理解が得られるのではないかと考えたところもありました。

聴診器をあてられるロイ（GARI）

ただしやる以上は、野生下では絶対にできないことをしなくては意味がありません。そこで飼育方法や研究方法を工夫しました。スタッフ二人にも「俺たちが見ていることは、すべて新しいんや。知らない人から見ればびっくりするようなことなんだよ」と伝え続けました。

博物館は、研究の成果を伝えられる場所

三砂　本来、研究とはそうあるべきなのかもしれないですね。真っ当な感覚です。でも研究者って、なかなかそう思えないものじゃないですか。

伊谷　研究内容をむずかしい専門用語を使って説明することは、研究者なら誰にでもできます。学会や研究会で発表して慣れていますから。それより大変なのは、むずかしい研究をいかにやさしく、わかりやすく一般の人に伝えるかです。博物館の展示を考えるとき、それを痛感しました。

博物館の来館者は、その大半が一般の人です。かれらにわれわれの言葉や方法で表現しても、伝わるわけがありません。どこまで解きほぐせばいいのか考えていくと、とても怖い。やさしい言葉にすればするほど、「学術的にこれは言い過ぎなのでは」という不安が出てきますから。でもそこを乗り越えて、やさしい言葉で説明しながら「実はその裏には

こういうことがあるんですよ」と、展示で示すことができれば、博物館の仕掛としては二重、三重の深みが出る。リピーターもきっと増えるだろうと思いました。そういうことも含め、すべてに挑戦してました。

三砂　林原で博物館にかかわる前から、伊谷さんは「博物館を作りたい」とおっしゃってましたよね。なぜ博物館だったんでしょう。

伊谷　一般の方にフィールドワークを理解してもらいたいと思っていたからですね。ふつう博物館で展示されるのは、主に化石とか動物の骨など動かないものです。来館者は展示物が本物なのか偽物なのかにしか興味がない。でもそうではなくて、フィールドワーカーが、サルならサルをどんなふうに観察しているのか、その結果、何が導き出されるのかといったことをストーリーにしてみたかったんです。ストーリー全体を展示すれば、動物研究の幅を多くの人に知ってもらえる。それができるのは、博物館しかないだろうと思っていたのです。

三砂　フィールドワークをし始めた頃から思っていたことなの？

伊谷　そうですね。

もともと博物館や動物園、水族館の類は好きで、子どもの頃からよく見に行っていたのですが、日本の博物館はどこもおもしろくないんですよ。上野の国立科学博物館もすごく人気がありますが、特別展はおもしろいけど、常設展はイマイチです。

でも、海外の博物館はおもしろいんです。一九九六年前後は、ボノボを日本に輸入する計画のため、アメリカには頻繁に行っていたので、ニューヨークのアメリカ自然史博物館（AMNH）や、スミソニアン博物館などを見てました。

博物館は、研究の成果や現状を視覚で伝える場所です。私たち研究者は論文や本を書いて発表すればいいとされていて、確かにそれも大事ですが、一般の人たちにはなかなか伝わりにくいですよね。それを補完するためにも、目で見てわかるというのは重要なんです。サンフランシスコの科学アカデミーの展示を見て、愕然としました。ジオラマだらけで、どれもすごい没入感があるんです。前に立つと、まるで自分がその世界に入り込んだような気分になる。一つひとつは狭い空間なのにそう思わせる、すごいジオラマなんです。

それと日本では大学の先生は偉いですが、博物館の学芸員は全然偉いと思われていないし、他国に比べてあまりにも地位が低い。一方、アメリカでは大学の先生より学芸員（Curator）のほうが地位は高いんですよ。だいぶ後のことですが、林原の博物館に人類学部ができて、私がその部長としてアメリカ出張に行ったときのことです。空港で「あれ、あんたは博物館の研究部長なのですか」と言われて、「ああ、はい……」と応えたら、「そんな方がエコノミークラスなんかに乗ってはいけません」と言われ、そこではじめてアメリカは違うんだと思いました。欧米では博物館の学芸員の地位が明らかに高い。

三砂　そうですね、日本では大学教授のほうが偉いとされてるみたいです。

伊谷　せっかく自分の研究成果を発表できる場があるのに、それをする学芸員はほとんどいないし、博物館の展示といえば、専門のディスプレイ製作会社に頼んで、それっぽいものを作ってもらうだけ。

もう一つ日本の博物館の悪いところは、ストーリーラインがないことです。剝製や骨格標本を並べたがるわりに、一つひとつの展示が独立していて、それぞれがどう関連するのかが誰にもわからない。日本モンキーセンターもそうですけれどね。自然の一部を切り取って再現することで、この動物はこういう森にこんなふうに生きているんだと伝える方法があるのに、それをせずにただ並べるだけ。何がおもしろいのかわからないとずっと思っていました。

博物館でどんな展示をするのか、何を展示するかにもよりますが、内容によって展示の仕方は違ってきます。なんでもジオラマにすればいいわけではなく、化石や頭骨を使わなくてはできない展示もありますから。だとしても、そこにどんなストーリーがあるのかを描いた上で置かなくては意味がないと思っていました。

三砂　スミソニアン博物館には、ビジュアル感覚にも優れ、ストーリーラインも仕立てられるような、レベルの高いキュレーターがたくさんいたのでしょうね。日本の博物館がおもしろくないというのは、キュレーターにそうした感覚が欠けているということなのかしら。

伊谷　そういう教育や議論がないのです。経済的にも厳しいし。

三砂　アメリカのキュレーターは、何か、トレーニングを受けているのですか？

伊谷　受けています。アメリカの博物館が日本と決定的に違うのは、分業化されていることです。キュレーター（Curator）とエデュケーター（Educator）とディレクター（Director）そして展示ディベロッパー（Exhibit Developer）で、それぞれ役割が違うのです。ディベロッパーがリーダーとなり、三者を集めて日々侃々諤々と議論を戦わせる。キュレーターが科学的根拠に沿って説明した内容に対し、エデュケーターは教育的な側面から「そのまま展示しても伝わらない、来館者にわかるようにこういうふうに伝えたらどうか」と言う。キュレーターは「そんなふうには言えない」と言ったり、ディレクターは企画面や予算面などから「そんなものは作れない」と言ったりしますが、それをディベロッパーがそれぞれの立場に配慮しながらまとめていくのです。

三砂　始まりはキュレーターの発想なのですか。

伊谷　そうです。展示物は科学的根拠に基づくべき、という前提がありますから。その三者で侃々諤々の喧嘩をして一つの展示を作り上げていく。展示ディベロッパーは、どんなストーリーに仕立てるかを考え、動線を作り、展示をまとめていく。ものすごく細かなところまで会議で話し合うのです。そうした役割分担も綿密な会議も、日本にはないものです。

三砂 日本にはキュレーターしかいないということでしょうか。展示まで全部キュレーターがやらなければいけないと。

伊谷 キュレーターは展示を作るところまではやりません。展示物を作るのは展示製作業者です。例えばキュレーターが「里山を再現したい」と言えば、展示業者は「はいわかりました」と、どこかの里山を切り取ってきて作ったものをそのまま設置する。日本では企画意図を分かった上で、展示に落とし込むための議論が足りないということだと思います。

三砂 日本には、研究者でもなんでもない、博物館の展示専門の業者がいるということですね。

伊谷 そう。彼らは動物園にもかかわっています。アメリカにもそういう業者はいますが、まともな博物館では展示製作スタッフと細部にわたるまで打ち合わせをして、作り上げていくんです。

三砂 それと同じように、議論を戦わせながら展示を作っていくという体制を、林原の博物館にも作りたいと思った……。

伊谷　そういう展示開発の方法をアメリカで学んだのです。アメリカは力の入れ方の桁が違います。例えば、有名なデンバー自然科学博物館（Denver Museum of Nature & Science）で、「人類の祖先」の展示をやったときのことです。アウストラロピテクス・アファレンシスのジオラマ再現を、「ナショナルジオグラフィック」誌にもよく出ているジョン・グーチー（John Gurche）というアーティストが手がけることになった。彼の努力たるや、すごいんです。アメリカ全土でゴリラやチンパンジー、ボノボが死んだと聞けば、そのたびに出かけていって、各部位のサイズを計測するんですよ。過去に展示されたレプリカもすべて集めて分析し、その上で算出したサイズのアウストラロピテクス・アファレンシスを再現する。最後は体毛まで、イノシシの毛を使って一本一本埋めていったというからすごいですよね。二〇年以上前ですが、一体三〇〇〇万円したといいます。そのお金を払ってもいいと思えるほどの出来栄えでした。

三砂　ジョン・グーチーという人は、作家さんなのですか。

伊谷　芸術家に近いかな。フレッシュ・モデルと呼ばれるジオラマ展示を、限りなくリアルに近づけるため、これ以上のものは考えられないというレベルまで仕上げる意気込みのある人なんです。好きだからできることなんでしょうけれど、とにかく力の入れようが半端じゃない。

三砂　林原の博物館時代は、そんなふうにアメリカの博物館を見にいく機会がたくさんあったのですね。

伊谷　ワシントンからサンフランシスコまで、アメリカ横断博物館紀行ができました。

三砂　そこでご自分が作る博物館のヒントを持ち帰られた。

伊谷　一番大きかったのは、技術的なことですね。こんな展示の仕方があるんだとか、こんなものが作れるんだとか。日本では、あれだけのものは見たことがありませんでしたから。

研究所を大きくしていく

三砂　それを持って帰ってきて、まずは先ほどおっしゃったプレハブの研究所から始めたと。当初スタッフは伊谷さん含め三人だったとのことですが、キュレーターやエデュケーターはのちに雇うことになったのですか。

伊谷　本体の博物館準備室にはキュレーターもエデュケーターもプレパレーター（化石を発掘・復元する人）もすでにいました。そういう意味では、国内では稀有な存在だったと思います。GARIは類人猿の研究所ですから、そうした人たちは雇っていませんでした。

GARIは最初、プレハブの研究所でやっていましたが、チンパンジーも大きくなるし、このままでは無理だろうと思っていました。組織の部署というのは大きくすれば潰しにくくなるだろうという目論みもあり、人を増やし、もっと大きな施設を作りたいと企画書を作り、社内で動くことにしました。名前を表に出し、マスコミの取材も利用して。

当然、反発は受けましたよ。会社が持っていた岡山県玉野市の出崎半島を使わせてくれと言ったら、ある役員から「そこにはいずれリゾートホテルを建てるんだ」と猛反対されて。そこで「どこにでもあるリゾートホテルを岡山の瀬戸内海に建てたって、誰も来ませんよ」と主張して、ホテル計画の企画を潰したんです。

こうしてようやく研究所を建てることになったのですが、今度はそこが国立公園のため、いろいろな制限があることがわかった。岡山の場合、認可関係の手続きは環境省から県に委託されていました。最初は県の窓口に行っていたのですが埒が明かないので、直接知事に会いにいったのです。私たちの計画を説明すると、知事が急に乗り気になってくれたよ

瀬戸内海に面していたGARIの全景

うで、県庁の各局のトップを呼んで「伊谷さんに協力するように」との指示が出ました。それで、通常は半年から一年はかかるところが、一、二か月で認可が下りたのです。環境省に掛け合わなくてはいけない点もあったのですが、運よく大臣に会うことができ、驚くほどのスピードで物事が進みました。

会社には「ここで実現すれば大きく注目されますから、林原の名前を知らしめるチャンスですよ。どうせなら日本一のものを作って、注目度を上げましょう」と言ったら、「世界一にしてくれ」と言われました。企業は「世界一」が好きですからね。それで最終的に話がつきました。

三砂　腕のいい営業マンみたいですね。

伊谷　大変でしたけどね。一九九八年からの二年間のプレハブ生活を経て、二〇〇一年八月に新しい施設が完成しました。運用テスト期間後、同年一〇月にオープン。記念式典など一連の行事もすべてやりましたよ。

あの年は私にとって大変な年で、八月に父が亡くなったんです。もともと肺気腫を患っていたので、いずれ癌になるだろうとは思っていましたが、正月に肺癌になったことを聞かされました。最初は通院でしたが、亡くなる三、四か月前に京大病院に入院することになった。母一人に任せるわけにもいかないし、弟も仕事があるので交代で看ることになって。仕事が終わったら新幹線で京都の病院に向かい、明け方に母か弟に交代。また岡山へ戻るという体制で病床の父に付き添いました。さすがにバテましたね。

三砂　研究所の完成と同時期に、お父さんが亡くなられた……。

伊谷　そう。完成間近の研究所の写真を病室で見せたら、「狭いんちゃうか」と言われましたけどね（笑）。面積は世界一なんですけど。

そうしてとりあえず大きな施設はできたのですが、もう一つ考えていたのが、人でした。その頃本格的に人集めを始めたのですが、これがさらに大変でした。会社に新しいポストを作らせるというのは、尋常じゃないんですよ。最終的には一二人くらいまで膨らみ、私は所長に就任していました。

会社の命令で、一時はマスコミにも出まくっていました。テレビに出演しては研究所を紹介したり、アフリカ出張にもテレビ局のクルーが張り付いて取材する。ラジオ番組にも新聞にもたくさん出ました。研究施設の完成披露式典が終わったとき、取材に来ていた「山陽新聞」の記者に、なんでも教えるから朝刊の一面に載せてくれないかとお願いしたことがありました。実際に写真付きで載せてくれたので、写真のサイズと記事の文字数を数えて、会社に言ったんです。「これを広告と考えたら、たいへんな金額や」と。「今後二、三年分の広告宣伝費は稼いだぞ」って。最近、企業が一面に載るといえば、だいたいは悪いニュースですよ。それがよいニュースとして載ったんですから。

「私にはこの人がいる」と思える

三砂　少し話が戻りますが、研究所がプレハブだった頃、研究者自らがチンパンジーの飼育にも携わり、三人で四頭を一対一でみることにした。その発想自体がすごいことだと、私は思っているんです。

妊娠・出産や子育ての分野で、目指すべきにもかかわらず無視されがちなのが、「継続ケア（continuing care）」、一人の人がずっと妊婦さんにつくという概念です。

日本で妊娠した場合、病院に行くと、毎回違うお医者さんや助産師さんがつくことが多い。大きな病院の場合、出産時の担当医がその場で決まったり、産後に診てくれる助産師や看護師も違う人だったり。帰宅すれば、保健師さんが訪問してくる。みんな全力でやっているけれど、妊婦さんにしてみれば、次々に新しい人が現れて、何も継続しないということになる。それでは安心もできないし、自分の身体を知ることもできない。

私は日本の助産所も長い間見てきました。助産所が何よりすばらしいのは、完全に一対一の関係だということです。妊婦健診から出産、産後に至るまで、ずっと同じ助産師さんが見てくれる。そうすると関係性が築かれますし、その関係性の中で女性自身が成長していきます。この人が見てくれているんだという意識があるだけで、自分の身体への意識が高まり、ちょっとした異変に気づくようになる。何かあればあの人に相談できるという安心感が、女性を母親として育てていくのです。

もちろん、そういう働き方では助産師さんは休みがまったく取れません。そこで、例えばもうお産を辞められましたが、京都府伏見区にある「あゆみ助産院」の助産師の左古かず子さんは、以前一月と八月の二か月間は、完全に休むことにしていると言っていました。その時期にお産が当たりそうな人には、最初から「悪いけど」と断る。そこを休まないと仕事が続けられないと。その代わり、それ以外の月はすべてにおいて自分がつく、と心を決めていた。自分の暮らしのすべてをお産にささげていらした。

女性が妊娠・出産を経て子どもを育てていくときに、「私にはこの人がいる」と思える人が身近にいることは、やはり大事だと思います。その人が助産師や医者、看護師といった資格のある人ならもちろん最高ですが、そうでなくても構わないと私は思うんです。先ほどお話しした青ヶ島の「こうまて親」だって、生まれたときからずっと味方でいてくれる存在なわけで。資格はいらないし、みんながみんな立派な人というわけではありません。でも二人の間にはけっして揺るがない関係性がある。「私にはこの人がいる」という感情を保証することは、人の育ちにすごく大事なのではないかと思うのです。

私はそうした「継続ケア」を保障するシステムの構築は、アフリカであろうがカンボジアであろうが必要だと思ってきました。妊娠したとき何かあれば相談できる人がいて、その人がお産も見てくれるし、子育てにもついていてくれる。それが助産師さんならもちろんすばらしいけれど、ボランティアでも構わない。女性が「自分にはこの人がいる」と思える環境をつくることこそが、安心につながるのだということを理論化しようとしているのですが、なかなかむずかしい。

お産には何が起きるかわからないリスクがある。だから必ず医者がいたほうがいい、と言われるわけです。もちろん医者がいればそれに越したことはありませんが、継続的に見ていることでわかることはあるし、それは妊婦の安全にとって非常に重要なのではないかと思うのです。助産師さんによると、お産がむずかしくなるときには、必ず何か前兆があるはずだという。ずっと見ていればそれがわかるし、前もって対処することができて、安全につながるのだと。

結局、人一人が成長し、その中で生殖にまつわるさまざまを乗り越えていくためには、安心感を与えてくれる誰かの存在が必要で、それは一対一の関係からしか生まれない。そう確信しているのですが、システム化するのはむずかしいんですよね。世界のどこへ行ってもプロフェッショナルな医療関係者はいるのですが、かれらが一対一の対応ができるようなシステムはつくられていない。「人が足りないから、こういうふうにやっていくしかない」とそれぞれの現場の人は、言うかもしれない。でも、本当にそうなのか。産む側にとってけっして一対一になりえない形になっていること自体が、人材がうまくつかえていないということだと思うんです。

一対一の関係性から、よりよい育ち、成長が生まれるというのは鉄則だと思ってきたので、その意味で、伊谷さんが四頭のチンパンジーを一対一で育てるしかないと気づいて実行されたというのは、すごくおもしろいと思います。

伊谷　そのことに気づくこと自体は、そんなにむずかしくはありませんでした。チンパンジーが教えてくれましたから。

チンパンジーには、四年から五年の出産間隔があります。次の子が生まれるまでの四、五年間、最初の子はお母さんと一対一で育つのです。われわれが義母として一頭のチンパンジーを育てる場合、人間の子育てのように「ちょっと寝ててね」とか「お母さんこれするから、ちょっと待っててね」みたいなことはできません。ずっと一緒にいるしかない。そこに特定の関係ができてくると、義母とそのチンパンジーの関係性を、ほかのチンパンジーたちも見るわけです。「こういう関係なんや」とわかることによって、そこにはまた新たな関係ができてくる。

チンパンジーはすごく目ざとい動物です。あるスタッフには人工保育で育てた個体、もう一人には強いオスを任せました。私は残りの二頭を見た。時間が経つにつれ、四頭は成長します。その過程で、かれらは若い二人よりも私のほうが偉いことに気づきます。若いスタッフにも逆らえないけれど、あの偉い人にはもっと逆らえないというような権力ピラミッドができあがる。それはチンパンジーの社会そのものであり、日々の生活の中でそれに気づかせていくことが大事なのです。

チンパンジーは複数のオトナのオスとメス、それにコドモたちで一つの集団を作って生活しています。集団内のオス間には優劣関係に基づく明確な順位がありますが、外敵に対しては強い連帯も認められます。一方、メス間にも優劣関係は存在しますが、メス同士が頻繁に関わることはありません。母子間には強い絆があり、コドモが一人立ちするまでは常に一緒に行動します。コドモは母親と行動を共にすることで、母親からさまざまなことを学びます。学ぶと言っても母親が積極的に何かを教えるのではなく、母親のしていることや他個体との関係などを近くで見て、ときには真似たりして自分のものにしていくのです。

われわれは人の子じゃなくてチンパンジーの子を育てていたのですから、かれらの社会で当たり前のことを当たり前にやっただけです。全然むずかしいことじゃない。もちろん、その一方で人間側の各家庭は崩壊しますけどね（笑）。

ヒトとチンパンジーの関係構築のために

三砂　伊谷さんはチンパンジーを観察する中でかれらの社会の特徴に気づいたから、同じようにしたわけですよね。

伊谷　そう。ただ、むずかしかったのは、その体制が継続しないということでした。スタッフは歳をとりますから、世代交代が起きる。新しく入ってきた若い人たちには同じことができないのです。チンパンジー社会は順位社会ですから、そこに若い新人が入れば、彼、彼女はチンパンジーより下になってしまう。一度下と認識したら、チンパンジーは彼らの言うことは聞きません。そこをどれだけ頑張れるか。最初は最下位のポジションでも、きちんと挨拶やルールを守って行動していれば、時間が経つうちに順位が入れ替わることもある。上を目指せば、順位を上げる可能性はあるのです。そこまでできる新人はなかなかいませんが。唯一成功したのが、出産の論文を書いた平田聡さんです。彼は死ぬほどの怪我も二度ほどしています。オトナのチンパンジーは怖いですから、どんなにセンスのある子でも集団に溶け込むのはむずかしいことなんです。

振り返ると、私たち三人でやっていた頃、よくあんな小さな施設で生活していたなと思いますね。その後、施設が大きくなって四頭からメスがもう一頭増え、それぞれが子どもを産むので八頭ほどの集団になっていました。オスもメスも大きくて力も強い。それに勝たなくてはいけないんですからたいへんです。舐められちゃいけないし、あるときふとスイッチが入って暴れだすこともあります。長い間一緒にいると、「あ、スイッチが入った」という瞬間は目でわかります。そういうときは、普段与えない餌を出したり、大きな音を出してみたりして気をそらし、高まったテンションを下げるしかありません。

そのタイミングがわからない人は、大怪我をします。われわれ三人は小さい頃からずっと見ていて、各個体の性格を熟知していますから、タイミングがわかる。チンパンジーのほうも「こいつらは怒らさんほうがええな」とか「こうすればこいつは言うことを聞いてくれる」というのがわかっている。

三砂 まさに野生のチンパンジーの観察経験を飼育下で実践しようとしたのですね。

伊谷 そういう日常生活の中から、ヒトとチンパンジーの関係構築にはどれだけ時間と手間をかけるべきか、そのことによってどんな関係が築きあげられるのかという研究を、最

GARIの実験室

初から加わったスタッフの一人、森村成樹さんが学会で発表し、のちに論文を書きました。

三砂　それは野生下で観察したチンパンジーの社会と同様の関係を、チンパンジーと違う種であるヒトとの間でも築くことができる、ということですよね。それはいかにも論文になりそうです。

伊谷　でも普通の人は考えないんですよ、そこを。日常の作業をしているだけだから。森村さんはそこに気づいて、そういう論文は見たことがないし、日本の動物園も含め、飼育下動物と付き合う上でのヒントになると考えたわけです。

森村さんはGARIでの最初の三人の所員の一人です。大学院を出た後、チンパンジーの環境エンリッチメントに興味を持ち、霊長類研に出入りするようになった。そこで私と知り合い、私が「実は今度こういうこと始めるんだけど来ない？」と誘ったら、「行きます」と来てくれたんです。

一番最初に来てくれたのは、不破紅樹（ふわこうき）さんです。私がコンゴでボノボの研究をしていたとき、保護官を養成しようと人を募集したことがありました。私たち研究者は日々ボノボを追いかけてデータを取るのにかかりきりで、保護の仕事がなかなかできない。それで、保護の専門家をつくろうと募集をかけたら、さまざまな学歴の人が三〇人くらい応募してきた。最後に残ったのが、専門学校出身の不破さんでした。私はもう一人の、ちょっとひねた鍛えがいのありそうな子を採りたかったのですが、加納先生や他のスタッフが推していたし、不破さんもすごく根性のあるやつだったので、異論はないということで採用が決まりました。さっそくコンゴに連れていったら、いきなり暴動に巻き込まれて……。

三砂　彼と着のみ着のままロンドンに避難してきましたね。

伊谷　コンゴ（当時のザイール）で暴動が起きたあと、彼は保護官の仕事が続けられなくなり、帰国後に滋賀県で別の仕事をやっていました。数年後、林原の研究所の立ち上げにあたって、まず私が電話したのが彼でした。「飼育をやってみいひんか」と言ったら、すぐ飛びついてくれました。

チンパンジーを寝かしつける（GARI）

彼は一生懸命取り組み、完全なプロに成長しました。プロになるほど自分の考えが確立して他で働くのがむずかしくなってはしまうのですが。林原の研究所では、彼がダントツトップの飼育員でしたよ。私は彼をいずれは研究者にしようと思っていました。「このまま続けられたら、お前の培ってきた技術は論文になるから、記録だけは全部残しておけよ」と言っていたのですが、ＧＡＲＩがなくなりその機会もなくなってしまいました。

森村さんはその後、論文を書いて博士の学位を取り、京大野生動物研究センターの附属施設・熊本サンクチュアリに就職しました。チンパンジーが約五〇頭とボノボが六頭いる施設です。

三砂　そうですか。初代スタッフと三人で始めた林原の研究所は、設立当初からとにかくユニークなところがたくさんあったと思うのですが。

伊谷　そうですね。あんなところは他になかったと思います。でも私自身は、組織を大きくしてしまったがゆえに、チンパンジー研究自体にかかわる機会がどんどん減っていったんですよね。本社の会議から役員会まで全部出なくてはいけない状況になった。朝は研究所に行ってみんなの様子を確認したら、何もせずそのまま本社に向かう。会社では一日中いろんな連中とワアワア会議をして、大半はお金のことですが、また夕方研究所に戻るという生活でした。

あの頃は、私が中途半端にチンパンジーにかかわり始めると、集団が荒れるだろうと思っていました。不破さんにも相談したら、彼も「このまま行ったらまずいですよ」と言うので、「そやなあ、もうお前に任すから、トップになれ」と言って、私はチンパンジーとはかかわらないことにした。

前述のようにチンパンジーというのは集団単位で暮らしていて、αオス（集団の中で一番強いオス、つまりトップ）には誰も逆らえません。トップが集団をまとめることで集団は安定しますし、個体間の関係も築かれていきます。そのような社会で時々しか現れないヤツがトップ面して彼らと接しても彼らは戸惑うだけで、集団はまとまりを欠いてしまう、つまりいったい誰に従えばよいのかわからなくなり集団が荒れていくのです。

とはいえ、様子を見に行けばやっぱり会いますからね。顔を見ればチンパンジーは挨拶をしに来る。「なんやのお前、最近来ないけど、どないなってんねん？」みたいな。私も寂しかったですが、しょうがないですよね。スタッフも増えていて、研究所を何とか運営していかなければいけませんでした。

三砂　ＧＡＲＩでの直接対面飼育は特筆すべきことだったと思いますが、もう一つチンパンジーが野生で実際にやっていること、作っている社会を、ヒトとの間に築こうとして飼育した。この試みは、他でやっていないのでしょうか。

伊谷　人間とチンパンジーが一対一の関係を作っているところはありますが、両者が複数で社会を作っているところはないでしょうね。

三砂　森村さんが論文に書かれたのでしょうけれど、それはつまり、大型類人猿と人間が関係性を作っていけるということでもありますよね。

伊谷　そこに一つの社会ができあがる可能性があるということですね。

三砂　そのときはチンパンジーだったわけですが、大型類人猿のうち、オランウータンは単独行動者なのでむずかしいですが、ゴリラやチンパンジーやボノボは、ヒトと一緒に疑似社会のようなものを作れる種なのでしょうか。

伊谷　やったことないからわかりませんが、ボノボはできると思います。チンパンジーとボノボは複雄複雌、つまり複数のオスと複数のメスがいる社会だからできる。でもゴリラの場合は、単雄複雌が基本構造なのでむずかしい。われわれがかれらに「複雄複雌でもいいんだよ」と教えたらなんとかなるのではないかと思われるかもしれませんが、それはちょっと違う。ゴリラにはゴリラにしか見えない、かれらに適したやり方があるんですね。だからこそゴリラはそういう社会をつくって生きてきたわけです。それをわれわれが無理矢理変えようとしても、ゴリラには理解できないでしょう。

三砂　ゴリラではたとえ飼育下でも、チンパンジーと同じことはむずかしいということですね。

伊谷　試したことがないからわかりませんが、重要なのは、チンパンジーたちをわれわれヒトに合わせようとしたわけではないということです。われわれの社会に引きこんで、それに合わせるのは無理。でもわれわれのほうは、かれらの社会に合わせてつきあうことができる。その違いなんです。だからゴリラでそれをやるとすると……。

三砂　ヒト側に限界がある、ヒトがゴリラ社会に合わせることはできないと。

伊谷　そう、無理です。全部メスならできるかもしれませんが。

三砂　やっぱりそこには生殖関係が影響してくるのですね。

6

霊長類とヒト

ＧＡＲＩだからこそできた観察

三砂　ＧＡＲＩでは従来の飼育方法とはまったく違って、小さいけれどチンパンジーの生活圏（遊動域）に近い環境を作り、そこで一緒に暮らしながら育てたからこそ得られた結果が、いろいろとあったのではないかと思います。

伊谷　そうですね。あれくらい近い距離でずっと一緒に暮らしていると、野生のチンパンジーを遠くから観察したり、通常の檻越しの飼育では決して見えてこない発見が日々たくさん出てきますし、かれらとの付き合い方も自然に身についていったと思います。中でも研究として大きかったのは、道具使用の再現ができたことです。

野生のチンパンジーはナッツ割りやアリ釣りなどの道具使用行動をします。それを人工的に再現して、その技術の習得過程を観察しました。野生では堅いヤシの実を石の台座とハンマーで割って中の胚を食べますが、飼育下ではヤシの実の代わりにナッツを入れた金

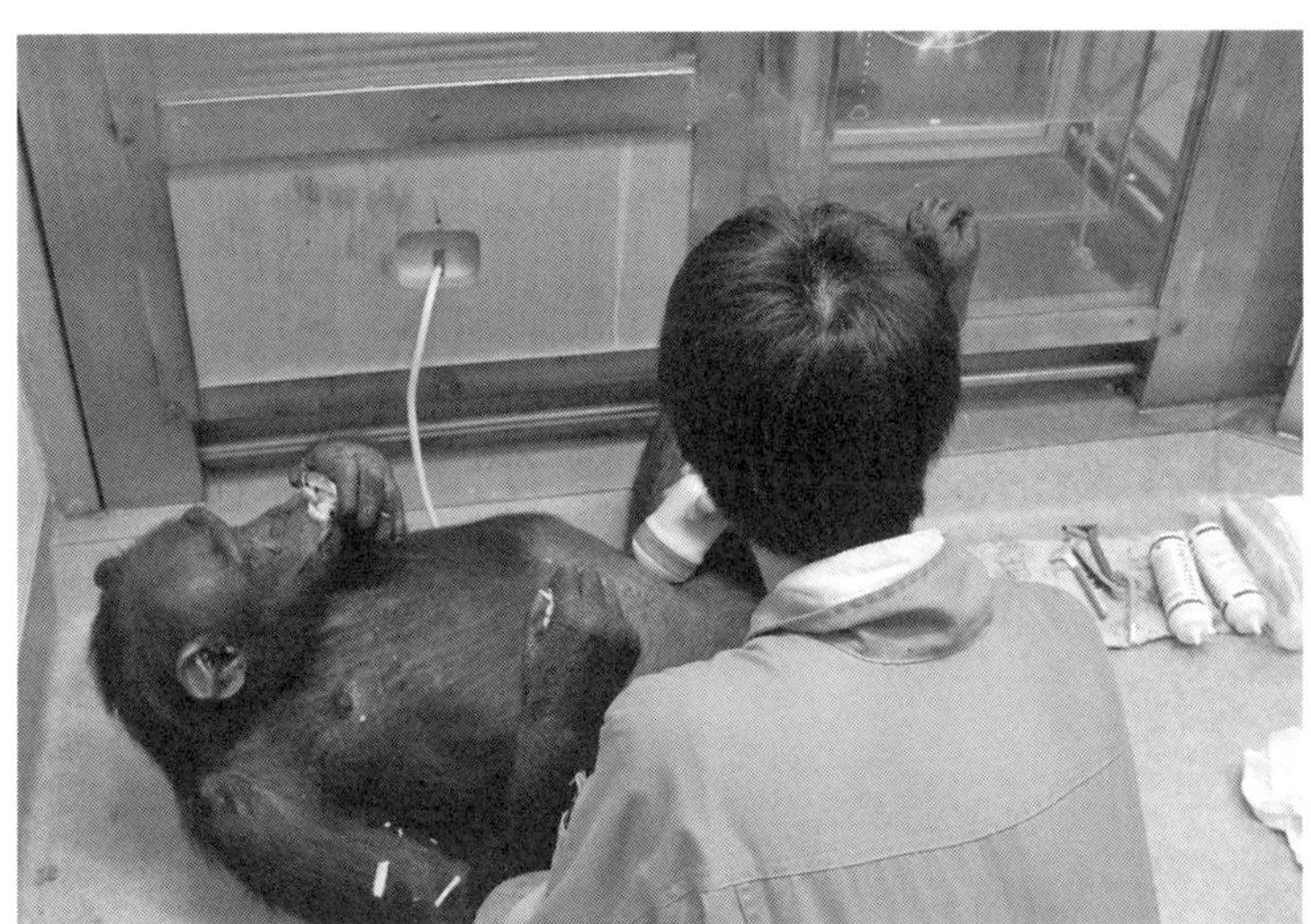
胎児をエコーで観察（GARI）

属製の球体やマカデミアナッツを使いました。飼育下ではアリ塚は作れないので、小さなボトルにハチミツを入れて、小さな穴に細い枝を突っ込んでミツを舐め取る装置を作りました。これは京大の霊長類研の真似ですが。最初は何も教えず、徐々に技術を習得していく過程を見る。また、最初は一頭だけに習得させ、そのあとその技術が他の仲間に伝播していく様子を観察するということをしました。

それから、妊娠中のチンパンジーのエコーを撮ることができた。これもGARI以外では不可能だったでしょう。ある業者が非常に高性能な4D器械を貸してくれたのです。本来は販売の売り込みに来られたのですが、あまりに高額で購入は無理。でもこの器械を使っておもしろい研究をし、宣伝で貢献することなら可能ですよと言ったら、長期間貸してくださることになって。そこでＧＡＲＩでの妊娠チンパンジー第一号となった「ツバキ」にエコーをかけました。

おもしろかったのは、そこでチンパンジーと人間、両方の胎児のエコー画像が撮れたことです。当時妊娠中だった知人の奥さんを研究会に呼び、チンパンジーと並んでエコーをかけさせてもらったのです。その結果、胎児が胎内で回転すること、よくする動作は人間とチンパンジーではまったく同じであることや、チンパンジーのほうが人間より羊水が少ないことなどがわかりました。そのような比較ができること自体が非常に画期的でしたから、みんな驚きました。

もちろん、データ収集は簡単ではありませんでしたが。人間のお母さんには「ごめんなさい、ちょっと撮らせてくださいね」と言えば撮れますが、チンパンジーのほうは大変でした。まず、エコーをかけるために毛を剃らなくてはなりません。ひたすら頭を下げて(笑)、「ちょっとお願いします」「いやや」を繰り返して。

三砂　どうやって納得してもらうのですか？

伊谷　ちょっと毛先を切ってみて痛くないことを確認したり、少し切ったらおいしいものをあげたり。何とかなだめながら少しずつ剃っていきました。毛が剃れたら、次はそこに超音波ジェルを塗るのですが、チンパンジーはべたべたしたものが大嫌いなんですよ。ご飯粒がついただけでも必死で取ろうとするくらいですから、ジェルなんて滅相もないという感じだったのを、「大丈夫、あとでキレイに拭くから。これ塗ってくれたら、おやつあげるから」とか、毎日あの手この手でなだめすかして。結局エコープローブを当てるまでに一か月くらいかかりました。

三砂　長い交渉ですね。

伊谷　不破さんの努力と忍耐のたまものです。動画記録ができる器械なので、心臓の動きや赤ちゃんの向きなどを、すべて記録できた。

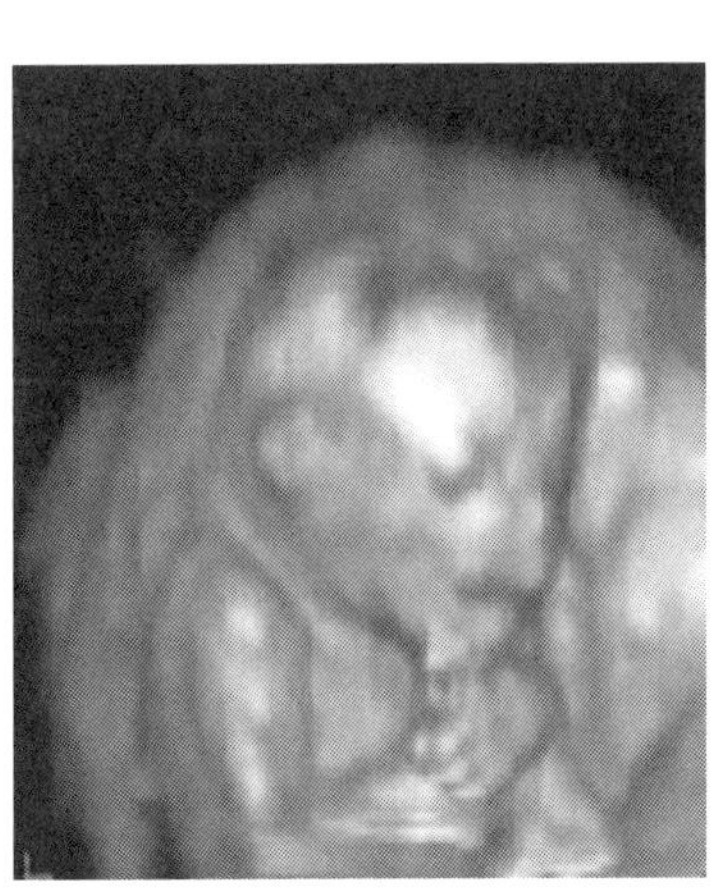

チンパンジーの胎児のエコー画像（GARI）

三砂　ちょうど４Ｄが出てきた頃なのですね。ＧＡＲＩでなければむずかしかったでしょう。

伊谷　そう、それまでは３Ｄで、４Ｄは出たばかり。画期的でした。

出産シーン、赤ちゃんの生まれる瞬間にしても、いくら飼育下とは言え、なかなか見られるものではありません。ところが、ＧＡＲＩでは檻越しではなく、ずーっと横についていますから、間近で撮影ができる。出産の始めから終わりまですべて映像に収めることができました。そのことによって、人類学者の学説の誤りも判明したのです。

その後も観察は続きます。霊長類研にいた狩野文浩さん発案のアイトラッカーというカメラレンズをチンパンジーにつけ、かれらの視線を調べるのです。たとえば人間の顔とチンパンジーの顔を並べた場合、どちらを先に見て、どの部分を見ているのか。そんなことも調べました。普通のチンパンジーは、そんな器械をつけさせてくれませんが。

鏡（映像）に映った自分の顔を自分であると認識できるかどうかも調べました。赤いシールを額にそっと貼って鏡の前に立たせると、チンパンジーはすぐに気づくんですよ。自分の額についているシールを剝がそうとする。

三砂　鏡を見て？　すごいですね。

伊谷　最初は何をされているのか解らなかったのでしょうが、鏡に映っているのはどうも自分らしいと解った瞬間に、さっとシールを剝がすようになりました。

お絵描きも自然に覚えましたね。ホワイトボードの端にマジックを置いていたのですが、ある日気づいたらなくなっていた。どこかで落としたのかと思っていたのですが、翌朝部屋に行ったら、壁にいっぱい落書きがされていた（笑）。われわれがやることを見て、覚えたのだと思います。

三砂　あの棒を使ってこうやれば……と。

伊谷　そう。何かが書けると気づいたのでしょう。それに気づいたスタッフが画用紙と絵の具やマジックをチンパンジーたちに渡し、絵を描かせたところ、何枚も描いていましたよ。今でもときどき、チンパンジーたちの描いた絵で展覧会をやります。

チンパンジーたちの絵を見て気づいたのは、個性があるということです。個体によって描き方が違っていたのです。複数の色を使って描くやつもいれば、ひたすら黒く塗るやつもいる。線で描くものもいれば、点だけを打ち続けるものもいた。そうしたＧＡＲＩの飼育下ならではの発見はたくさんありました。

そうした発見のすごさをいかに伝えていくかも、非常に重要なんですよね。博物館があればそれができたのでしょうが、結局できなかったので、今はシンポジウムや講演会で映像を見せながら伝えていくしかないと考えています。

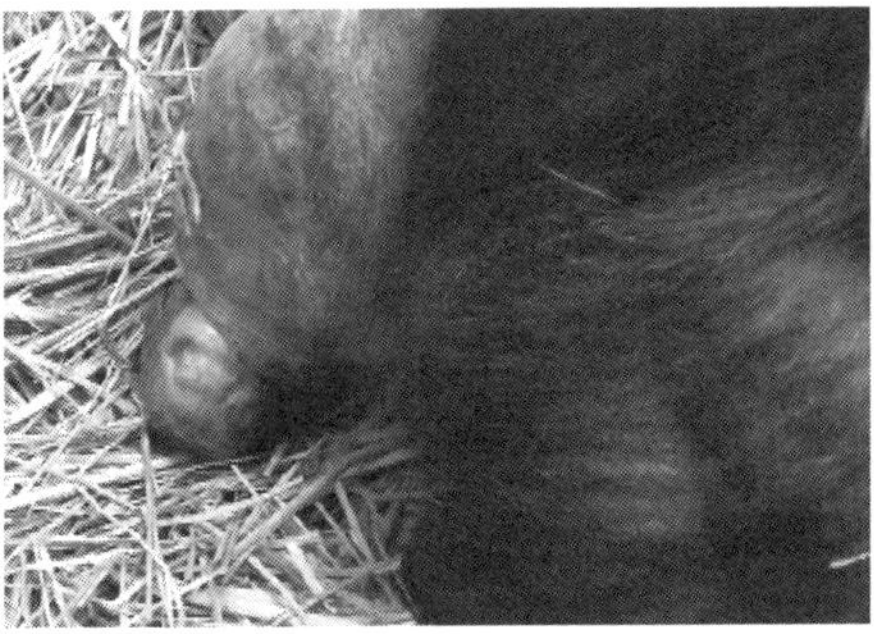

ツバキがいままさに赤ちゃんを出産！（GARI）

チンパンジーには短期記憶がある

三砂　絵が描けるというのは、ものを抽象化できているということですよね。

伊谷　そうですね。顔の輪郭を与えられた場合、ヒトならまずそこに目を入れるけれど、チンパンジーでは違うことをしたというような研究もあったと記憶していますが、かれらはわれわれとは異なる感覚でものを見ているのです。アイトラッカーで取得したデータには、かれらの視線の動きが記録されていくので、そうした感覚の違いがよくわかります。

かれらはまず、相手の目を見ています。目の前に並んだ多種多様な動物がチンパンジーかどうかも区別できている。そうしたことは、アイトラッカーのような器械があったから生まれた研究成果です。熊本サンクチュアリや霊長類研究所の思考言語分野などで認知科学の研究が進んでいましたが、それを実際のチンパンジーの暮らしの中に入っていって観察したのが、GARIでの研究なのです。

霊長類研の研究でも明らかなように、チンパンジーはとても知性が高い。数字を理解しているし、「短期記憶」も持っている。

たとえば、画面に描かれた九つのマスに1から9までの数字がランダムに出てきて、四秒後に消えるという実験。人間では絶対に覚えられません。でもチンパンジーはそれを全部覚えているのです。人間には不可能な「短期記憶」がチンパンジーにはある。われわれは1、2、3……と並びで覚えようとしますが、かれらは画面全体を一つの画像として覚える。像が脳に残っているんですよね。「今見た数字を小さい順に指して」と言えば、数字の消えた真っ白いマスを順々に指さしていきます。

三砂　すごい！　人間でもまれに、画像として記憶する人がいますよね。教科書も画像として記憶しているから、試験ではその画像を引き出してくる。発達障害の人に多いと聞きますが、東大や京大の先生にも多いですよね？

内田樹さんも、東大受験のときそれで全部乗り切ったので、入学後も楽勝だと思っていたら、その後その機能が失われたと嘆いていらっしゃいました（笑）。その能力がチンパンジーにも備わっているということなんですね。

伊谷　たぶんどのチンパンジーでも持っていますね。

三砂　その能力を残したまま発達を遂げたヒトもいるということでしょうか。

伊谷　かもしれませんね。かれらは野生環境で、その場その場の状況を瞬間的に把握して、次の行動を起こさなくてはなりません。いちいち考えている暇はないので、そうした能力が発達したのでしょう。

三砂　瞬時に物事を把握して判断する、判断が早いということですね。

アイトラッカーの実験では、かれらは目の前のチンパンジーやヒトの「まず目を見る」とおっしゃいましたが、目が大事なんですか。

伊谷　大事ですね。そこがニホンザルとの大きな違いです。

ニホンザルは目を合わせると怒ります。前に立って目をじっと見られると喧嘩を売られたと感じ、すぐに威嚇してきます。だから野猿公苑などでも「ニホンザルと目を合わせないでください」と、注意書きがされていますよね。

一方、チンパンジーは私たちが彼らをじっと見る以前に、私たちの顔や動作を素早く見て、いろいろ判断しているのだと思います。ＧＡＲＩにいたチンパンジーたちは私たちの目をじっと見ることがあります。それは彼らが私たちに何かを要求しているのです。私たちも彼らをじっと見返すと、彼らは要求に応えてもらえると思うのでしょう。

だからチンパンジーは目を見られると、何かを要求されていると思い、すごく困るんです。かれらの目をじっと見ていると、すっと避けるというか、目線をそらされます。目の前に知らない相手が来たとき、まずは目を合わさずに相手を探ろうとするのだと思います。

三砂　他の類人猿ではどうですか。

伊谷　ボノボもゴリラも同じですね。うちのタロウさん（日本モンキーセンターのニシローランドゴリラ）は、私がずっと彼の目を見つめていると、ひょっとそらしますね。ニホンザルなら逆に威嚇してくる。同じサルでもそういう反応の違いがあります。

生殖行動は見て覚えるもの？

三砂　生殖にかかわる行動については、集団の中で学んでいくものであって、飼育下ではわからないので、授乳ビデオを見せたりしたとおっしゃっていましたよね。性と生殖に関する行動は、どこまでが本能で、どこからが習い覚えるものなのでしょうか。完全な飼育下で育てられた場合、習わないと生殖できないのでしょうか。

伊谷　できません。人工保育だけで育った個体の五〇パーセントは、交尾ができない。

三砂　それはつまり、五〇パーセントはできるということですか？

伊谷　うーん、飼育条件が異なるから比較できませんね。人工保育された個体は基本的に、交尾というものを知りません。人間が相手をするわけにはいきませんし、無理に教えても「なんでそんなことせなあかんねん」という感じです。仮に交尾ができて妊娠したとしても、メスは出産が大変です。そして赤ちゃんを生んだからといって、すぐに育児ができるわけでもない。

「ミズキ」はその典型でした。人工保育で育ち、その後は先ほどから出てくる不破紅樹くんに育てられたので、人間のことはよくわかっているし、頭もいい。でもある日、お腹が重くなってきて産気づき、「どうしたらええの、助けてよ、早く」と言わんばかりにウロウロし始めた。分娩室に入れ、スタッフが付き添っていたのですが、ミズキ自身はどうしたらいいのかわからない。「なんとかしてよ」とコウキ（不破紅樹）の服を摑むばかり。そうしてついに生まれたら、「ぎゃっ」と驚いているのです。何が起こってるのかわからないのですから、驚くのも無理はありません。突然自分の股間から黒い悪魔が出てくるんですから。

そういう状態ですから、赤ちゃんを抱っこすることも教えなければなりません。ミズキには、事前にテレビで抱っこシーンを見せていたので、比較的すぐに抱っこしてくれましたが。

三砂　テレビで学習させるんですね。

伊谷　見てるのか見てないのかわかりませんでしたが、彼らのことだから、見てないふりをして見ていたんだと思います(笑)。チンパンジーに模した黒い人形を作って、こうやって抱っこするんだよ、と教えてやったり。おっぱいをやることも知らないので何とか教えようとするのですが、乳房が張って痛いから触ってほしくないらしく、コウキは手を噛まれながら必死に乳をしぼって、「ほら、楽になったでしょう」とやってあげていましたね。

三砂　交尾ができない個体には教えてやるのですか？

伊谷　教えてできる場合と、できない場合とがありますからね。

三砂　飼育環境にもよるとのことですが、放っておいたら、まったくできないということでしょうか。

伊谷　多くは、同じ集団の他の仲間がやっているのを見て覚えているのだと思います。飼育下ではそれが叶わないので、できないままのチンパンジーがいっぱいいます。

京都市動物園にいるオスのタカシなど、同じ檻の中にメスがたくさんいるのに、「ぼくは興味ないんで」という感じで、全然交尾をしません。タカシになんとかやらせようとジェームスという別のオスを入れてみたところ、ジェームスは「俺はバリバリやで」と盛んにやるのですが、タカシはそれを見ても一向にやろうとしない。

三砂　どうしてなんでしょう？

伊谷　学習の過程が必要なのだと思います。幼い頃から周囲の仲間が交尾をしているのを見ながら育っていないと、覚えられないのでしょう。

三砂　ＧＡＲＩではいかがでしたか。

伊谷　ＧＡＲＩのロイ（リンガラ語で大河の意）もジャンバ（リンガラ語で森）も、もともと集団で育っていたので、問題なく交尾しました。メスのツバキと最後に集団に入ったミサキもお母さんに育てられていて、ミズキだけが人工保育でした。

三砂　では生殖行動は、やっぱり集団で他の個体がやっているから身につくと。

伊谷　オトナたちがやっているのを見て、覚えているのでしょうね。そういう環境で肉体的にも精神的にも成熟してきたら、発情期のメスに接したとき、当然のように交尾ができる。

三砂　交尾をしないオスというのは、絶対にしないのですか。

伊谷　今のところタカシがやったのを見たことはありません。欲求はあるのだと思います。精液が床に落ちていることがありますから。それでもその欲求をどう処理していいかわからず、交尾には至らない。とくにメスには、頑なにしない個体がいますね。絶対にさせないで、逃げまくるんです。

三砂　メスもやはり、集団の中でみんながやっているのを見て、そんなものなのだと学習する。

伊谷　そうなのでしょうね。ただ、そうしたプロセスを経て交尾ができたとしても、生まれた子の育児がぜんぜんできない個体もいます。その場合は人工保育になってしまいます。

飼育下という特殊な状況

三砂　一つずつお聞きしてもいいですか。まずは交尾について。チンパンジーのメスの場合、排卵があって発情期になると性皮が腫れてくる。その状態になっても、交尾からは逃げるということなのでしょうか。それとも、性皮自体が腫れないということでしょうか。

伊谷　いや、性皮はちゃんと腫れますよ。

三砂　つまり、身体は発情期に入っているのに、自身に発情期という認識がないということとですよね。性皮の腫れを、自分がオスを求めている生理的な合図とは捉えていない。身体が発情期になったからといって、本能的にオスを求めるわけではないということなのでしょうか。

伊谷　その可能性はありますよね。われわれが「集団飼育をしましょう」と提唱したことで、今でこそオスとメスを混合飼育するところが増えてきましたが、かつてはオスとメスを分けて飼っているところが多かったですから。分離飼育の場合、発情期になって交尾の衝動が現れても、相手はいない。何年も交尾できない環境にいて、ある日突然集団に放り込まれてもどうしようもありませんよね。何をしていいか、わかるはずもありません。まずはこの集団のチンパンジーたちと仲よくなることが先決だと考えるかもしれないし、「もういいわ、私は一人で生きていくのよ」「仲よくなんてなりたくない」と逃げ回るのかもしれない。個体差があるとは思いますが。

三砂　大型霊長類以外の動物で、飼育下の生殖行動はどうなんですか。

伊谷　基本的には放っておいてもやりますね。

三砂　つまり発情期になっても逃げまくるメスとか、まったく交尾をしようとしないオスというのは、大型類人猿のチンパンジーだからということでしょうか。

伊谷　そう、ゴリラも同じです。

三砂　大型類人猿だけに観察されることなのですか。

伊谷　それはわかりません。というのも、他の霊長類をそのように飼育観察した例がありませんから。動物園のような一般的な飼育施設では、もっとごちゃっといますからね。頭数も多いし、個体ごとの観察は行われていないと思います。

三砂　身近な例ですと、犬や猫を飼う場合、とくに猫の場合はたいてい去勢をしますよね。発情期にオスを求めてギャアギャア鳴くのを見るのがかわいそうだからということなのだと思いますが、つまりそれは、一匹で飼育されていて他の個体の発情行動を見たことのない猫も、発情期にはオス猫から逃げ回ったりしないということではないでしょうか。

伊谷　猫や犬は自然にしますよ。

三砂　そうですよね。たとえ赤ちゃんのときから一匹で育てられていても、発情期になってそこにオスがいれば。

伊谷　チンパンジーでも、わかっていればするやつはいるでしょう。でもチンパンジーは発情期が来ても猫のようにギャアギャア言ったりはしませんからね。黙って性皮を腫らしているだけです。

三砂　ただ、猫の場合はオスが来れば、逃げ回らずちゃんと生殖行動をしますよね。

伊谷　それについては何とも言えません。個体差もあるし、飼育施設によって環境が違い、それぞれが育ってきたプロセスが違うので、何が効いているのか特定ができないのです。その個体が生まれてからある年齢になるまで、ずっと追いかけてデータを取っていれば別ですが、現状、そういう状況にはありませんから。ライフヒストリーがわからない。

三砂　裏を返せば、ライフヒストリーによって行動が左右されるということでもあるのですね。

伊谷　そうですね。成育環境やプロセスによって、示す生殖行動もまったく違ってくるでしょう。

三砂　もう少し下等な動物だと、そこまでバリエーションが多くないのでしょうか。

伊谷　類人猿はどの施設でも特別な飼育下にあるので、他のサルとは比較ができないのです。他のサルは飼育頭数も多く、そこまで注意深く観察されていない。何とも言えません。

生殖行動の他にも「できなくて困ること」はあります。のいち動物公園にいたオスのトーンはオランダから来たのですが、人工保育かつ飼育下で、ずっと一人で生きたチンパンジーでした。そのため彼は挨拶ができなかったのです。チンパンジー流の挨拶を知らないので、集団に入れたら、ボコボコにやられてしまった。

チンパンジーの社会は順位社会ですから、挨拶をしないやつには厳しい制裁が加えられます。「アアアアッ」という服従的発声をしながら近づき、手をのばして挨拶をする。

トーンはこの「パントグラント」というチンパンジーの挨拶を知らなかった。そこでぼくらは、まずはパントグラントから教えることにした。

三砂　GARIではそこまで教えていたのですか。

伊谷　これは熊本サンクチュアリでのことです。GARIではそこまでしなくても、みんな挨拶はできました。ミズキは最初できませんでしたが、ツバキやロイなど年長の個体が教えていた。最初はやっぱりボコボコにやられていましたけど、私たちが教えるまでもなく、自分で挨拶を学習していきましたね。

三砂　ともあれ、生殖行動は経験的に見ていないと、うまくできないこともあるということですね。

伊谷　見たことがなく、集団生活をしたことのない個体の場合、基本的にはできません。どの過程で異性と出会うのか、どんな集団に入るのかというタイミングによって、個体が獲得するものは変わってきます。しなくても生きていけるのなら、生殖行動なんてしなくてもいいじゃないですか。データ数も多くないので、一つひとつの事象を全体に関連づけるのはむずかしい。

チンパンジーは駆け引きをする動物ですが、それもまた集団で社会生活を経験しているからこそできることだと思います。一人では絶対にできない。だからこそ、集団という枠組みに置き、飼育下でも「チンパンジーらしく」させておくことが重要だと思うのです。

三砂 生物には、次世代を残すという本能があると言われますし、多くの動物にそれは当てはまると思います。でも霊長類ほどの高等な知性を持つ動物になると、生殖行動自体が相対化され、文化的環境や成育環境によって、挨拶のように会得したりしなかったりするものになっているということなのでしょうか。

伊谷 いえ、そうはなっていません。交尾は生得的行動として位置付けられます。人工保育や集団から離して飼育するということ自体、イレギュラーなことですから、何の基本にもなりません。たまたま交尾をしないという状況が起きて、「それはたぶんこいつが人工保育だから」とか「集団の生活をしていないからわかっていないのだろう」と判断されているだけです。

見て学ぶ

三砂　なるほど。伊谷さんたちは、霊長類の社会や行動を学ぶことで、人間とはどういう存在なのかを考えたいと思っていらっしゃる。あえて人間と比較すると、人間の場合、生殖行動を見て覚えるのかというと必ずしもそうではなく、文化的にそういうものだと学ぶからできる。そう考えると、飼育下のチンパンジーのように、一人ずつ隔離するような環境とか、それに類するような他者とかかわらないという状況を作り出したら、生殖行動自体がオプションになる可能性もあるのでしょうか。

伊谷　物心ついた頃から人とまったく会話も接触もせず、人間社会と隔絶されて育てば、人間もセックスできないと思いますよ。それが何かを理解できませんから。われわれ人間の社会は非常に複雑ですから、親や先生、先輩、友達などからもさまざまな情報が入ってくる。それらが知らず知らずのうちに蓄積されていき、その時々のタイミングでそれぞれが結びついて学習され、知識となっていく。そういう状況にあるからこそ、性欲を感じたとき「ああ、あれはつまりこのことやったんやな」と気づくことができて、行為ができるのです。そうした環境に置かずに育ってしまえば、容易にはできないと思います。

三砂　今ほど情報過多でなく、社会が小さかった頃は、各コミュニティで男女の教育システムがありましたよね。基本的にそういう教育がなければ、生殖行動はできないということでしょうか。

伊谷　「教育」を「教えること」として捉えれば、そうでしょうね。でも、教育というのは教えるだけでなくて見て学ぶというのもありますから。その点、チンパンジーは他人に教えたりはしません。見ること、模倣することがすべてです。つまり教育とは、どんな方法でもできるわけです。チンパンジーの場合はまさに「背中を見て育つ」なんですよね。今の人間の子どもたちは、手取り足取り教えてあげないと何もできませんが。

三砂　昔はすべて見ることによって学んでいたと。

伊谷　ええ。人間もスタートは、チンパンジーたちのようだったのではないでしょうか。

日本でも、特殊技術の使い手はたいていそうですね。師匠は決して口で教えたりはしない。見て盗めと言う。かつてはそれが主流だったように思います。学校は、もう少し全般的なことを教える場として誕生したのでしょう。学校ができるまで、人間は周囲の仲間を見ていろいろなことを習得していくしかなかったわけですから。そのなかで、ごくまれに宮崎県幸島の「イモ洗い」のようなことが起こる。

メスがたまたまやったイモ洗い行動は、今では島中のサルがやっている。そんなふうに新しい文化が生まれ、世代を超えて継承されていく。そのときに「こうしたらこうなるんやで」なんて、誰も教えないんですよ。

三砂　話が少し戻るのですが、飼育下では生殖行動ができないこともあるし、出産にあたっても、自分に何が起きているのかわかっていないとおっしゃいましたが、出産自体もやはり見て覚えるものなのでしょうか。集団にいれば出産の様子を目にするから、出産とはこういうものだと学習すると？

伊谷　はい。ＧＡＲＩで最初に妊娠したのはツバキで、スタッフ全員で出産を見守りました。一部のスタッフはポリカーボネートで囲われた分娩室の中に入り、一部は外にいて、カメラも回していた。さらに、集団の個体はオスもメスも全部、分娩室の隣にあったポリカーボネートで覆われた広い部屋に入れ、出産の現場を見せました。実際に見ていたかどうかは別にして、とにかくそういうことが起きているのが見える状況に置いた。そうすれば、かれらはちらっとであれ、絶対に見ますからね。

三砂　（笑）

伊谷　とにかく見せようとスタッフに伝えていました。「どうせこいつらも、いずれ妊娠するから」と。ミズキはツバキの出産を見ていましたから、何かが生まれてくることはわかっていましたが、どうしていいかがわからなかった。ただ、ツバキよりも呑み込みが早かったですね。最初ギャーッと鳴きましたが、コウキが「ミズキ、ちゃんと抱いて！」と言うと、すぐに抱き上げましたから。

三砂　最初に出産したツバキは何もわからなかったのですか。

伊谷　抱っこはしていましたが、おっぱいは乳首が痛いから飲ませたくないようでした。

三砂　他の個体はツバキの出産を見ていたから、何かが生まれることはわかっていたのですね。

伊谷　わかっていました。みんな集まって見に来ましたしね。「どんなんが出た?」って（笑）。ミズキはちゃんと最初から抱っこをしたし、おっぱいもあげました。ただ、出産後しばらくして育児ノイローゼが出ましたけどね。「もう、いやや」って。赤んぼうに四六時中しがみつかれているわけですから、暑い時期には嫌でしょう。「もう、やめてー」みたいになってしまった。

三砂　育児ノイローゼとは、具体的にどういうことが起きるんですか。

伊谷　本当にヒステリックに首を振ったり、歯を剥きだす「グリン（グリメイス）」表現をしたり、コドモを置き去りにしてどこかに行ってしまったり。コドモはお母さんから離れたくないので必死でしがみついていて、なかなか引き離せない。すごく大変でした。おもしろかったのは、彼女をなだめたのが、父親ではない集団の別のオスだったことです。まあ、自分がお父さんかどうかなんて、どの個体もわかっていませんけれども。生物学的な父親はいても、社会学的な父親はいませんから。ともかく、そのオスがヒステリックになっているミズキをなだめに行っていた。

三砂　何をするのですか。

伊谷　肩を叩いてやったり、赤ちゃんをちゃんと抱かせたり。傍に座って、おもむろに毛づくろいを始めたり。

三砂　コドモを彼女のところまで連れて行ってくれるのですか。

伊谷　いや、コドモは母親にしがみついていて、母親はそのことにイライラしているので、自分に注意を向けて気をそらそうとする。

三砂　困っている人を助けてあげよう、みたいな。なかなか立派なオスですね（笑）。

伊谷　そう。「虚無僧」というあだ名だったんですけどね（笑）。

でも、憶測ですが、ミズキは自分が育児放棄されて人工保育になった子ですが、遺伝もあるのかもしれません。出産はちゃんとできたし、おっぱいもあげた。でも途中からだんだんイライラし始めた。赤ちゃんは三か月間はお腹にしがみついているし、そのあとは腰のまわりをちょろちょろして離れない。自分の自由が利かないし、目に入ると「何よ、これ」と思ってしまうのでしょう。

三砂　野生では、そういう育児ノイローゼ的なことは起きないのですか。

伊谷　見たことありませんね。

三砂　人工飼育下だから発生することなんですね。

伊谷　そうでしょうね。ひょっとしたら、私たちが気づいてないだけで、野生でもあるのかもしれませんが。ただ、集団が大きい場合、仲間が放置しないのだと思います。性別にかかわらず、育児放棄しようとすると「イヤイヤ、そりゃあかんぞ」「ちゃんと面倒見なあかんで」となって、「私はええねん、ほっとくねん」という個体は許されないのだと思います。それに野生では、赤ちゃんを放置すればオスに殺されて食べられてしまうこともあります。それもあって抑制が利いているのかもしれません。この子は私が守らなければ殺されてしまう、という緊張が責任感を生むのかもしれない。

三砂　出産や授乳の事例を目の前で見て、「そんなものなんや」と理解してから自分がお産を経験する場合、何もわからずコドモを引っ張ったりとかいうことはなくなるのでしょうか。

伊谷　まったく引っ張りませんね。

三砂　ミズキのときは、分娩の際、何が起きているかわかっていなかったのですね。

伊谷　ミズキの場合、何が起こっているのかわからなかったので、とにかくこの痛さをなんとかしてくれと訴えていたのでしょう。それまで経験したことのない痛みだったと思うんですよ。いつも頼りにしているコウキが横にいるのに、「なんであんた今日に限って助けてくれへんの？」と思っていたのかもしれない。

三砂　他のメスのお産も、それぞれ違ったのですか。

伊谷　みんな分娩室でお産しました。ツバキは落ち着きなくウロウロしていましたが、最後は比較的安産だったのではないでしょうか。ミズキは難産で、破水から産まれるまでかなり時間がかかりました。

三砂　うまく行かずに帝王切開しようとしたことがあったとおっしゃっていたのは、そのときのことですか？

アカンボウを抱かずに地面に放置する（GARI）

伊谷　実際に帝王切開したのではなくて、予定日を過ぎても生まれてこなかったので、いよいよ最後は帝王切開をすると決心したということです。岡山市内にある三宅クリニック院長の三宅馨先生にも事前にお願いの電話をしました。でも、リミット近くなって自然分娩しました。

三砂　生まれた後の授乳もできなかったのを、ビデオなど見せて教えたと。

伊谷　ビデオは見せていましたが、わかっていたのかいないのかは不明です。彼女たちにしてみれば、やり方がわからないというより、とにかく痛かったのだと思います。触られることさえ嫌がって、おっぱいをやろうとしない。「飲まさへんから痛いんやで」と言っても、その理屈はわかってもらえないので、コウキが無理やり乳をしぼったんです。「何してんの！」と、コウキは手を噛まれましたけれど。でもしぼると少し楽になる。コウキが諦めずに子どもの口を近づけたら、子どもは自然と吸い始める。「そのまま、そのまま」と言いながらやらせていると、おっぱいの張りが収まってきて楽になった。彼女はそこでようやく学習しました。

三砂　なるほど、やっぱり学習過程がいるわけですね。

伊谷　出産前からおっぱいがパンパンで、かなり痛かったのだと思います。だからそこだけは触らないで、という感じでした。

三砂　チンパンジーの授乳期間はどれくらいですか？

伊谷　出ているかどうかは別にして、三年間は授乳していますね。

三砂　授乳期間中も妊娠しますか？

伊谷　おそらくしません。ただ、授乳していても交尾はします。授乳が何を指すかによりますね。実際にお乳をあげているのか、サックリングされているだけなのか。お乳は出ていないけど、コドモが甘えて乳首をくわえているだけかもしれない。

お乳が出ていない時期であれば、発情は再開します。チンパンジーの場合は四、五年間隔、ボノボは三、四年間隔ですね。生まれたばかりの赤ちゃんを抱きながら、背中にもう一頭乗せているお母さんがいますからね。三歳ぐらいになれば、固形物を含め食べたいものが食べられて、おっぱいにこだわる必要はありませんから。とくに離れられないのは、やっぱり出産後一年間ですね。

三砂　チンパンジーは出産後四、五年は排卵していない、発情しないということですか？

伊谷　そうですね。四、五年は発情しません。ただ、先日ちょっと変わった事例があって。日本モンキーセンターのマルコというチンパンジーが出産後一年も経たないうちに発情したのです。排卵を伴っていたのかどうかは、定かでないのですが。

三砂　普通に授乳していたのですか。

伊谷　授乳してましたよ。

三砂　ヒトも同じですね。授乳していると、排卵しにくい。人間の赤ちゃんは最初の六か月は授乳だけですから。粉ミルクなしで母乳だけの場合、授乳期間中は排卵のない人がほとんどです。子どもがご飯を食べるようになる一歳前後には授乳も減るので、その頃生理が始まる人が多い。そのタイミングで妊娠すると、子どもが二歳差くらいになるわけですよね。年子というのは授乳期間なしに、すぐに排卵して生まれる感じですから、母乳だけで育てている場合、年子はなかなか生まれにくいと思います。

伊谷　私の友達に、同学年の兄弟がいましたけどね。

三砂　ギリギリですね、それは。四月に生まれて、次の年の三月にまた生まれているということで、不可能ではありません。でもそのように続けて出産するのは、母体には負担がかかるので、二年ぐらい開くほうが本当はいい。授乳は自然な形での避妊になっていると言われています。

伊谷　まあ、友人はもっとひどいことを言われていましたけどね。「アイツの親父はもう我慢しすぎて限界やったから、無理やりしよったんや」、お母さんは親父になびいて、授乳をやめてしまったんだ、と（笑）。

三砂　そういうこともあるのかもしれませんね。でも順番としては、授乳をやめてから排卵が始まるのですけれど。授乳中の女性は、男性にあまり目が行きませんからね。赤ちゃんにおっぱいをあげていると、「この子だけいればいい、他に何もいらないわ」みたいな、すごく満ち足りた気持ちになるんですよ。

赤ちゃんが一歳を過ぎて生理が戻ってくると、急に授乳が面倒くさくなる。おっぱいを吸われるのが嫌になり、だんだんとやめていきます。その頃です、男性が恋しくなるのは。人間の場合、一、二歳がウィーニング・ピリオドと言われているのも、そういった理由からだと思います。生物学的には人間の授乳期はたしか二歳までですね。霊長類学的にもそうなのでしょうか。

伊谷　それこそ個体差が大きいでしょうね。

三砂　今は何歳まででも授乳してよいとWHOは言っているんですよね。だからいつまでも授乳しているお母さんもいますが、あまり長く続けるのは体力がいるからしんどいし、男性に気持ちが向きにくい。その意味では、二歳というのは少し遅い気がします。二歳を過ぎると、子どものほうもおっぱいをやめにくくなると言いますし。

伊谷　それは平均値をとるのか限界値をとるのかによって、かなり変わってきますよ。生理機能ほど個体差の大きいものはないので。ヒトはこう、ゴリラはこう、チンパンジーはこう、と普遍化できないことだと思います。

三砂　そうか、そうですよね。でも人間の場合、赤ちゃんが他のものを食べ始めるのは、生後六か月くらいからです。

伊谷　チンパンジーでも、六か月と言わず、三、四か月頃から他の食べ物に興味を持ち始めます。食べられないものに手をのばして食べようとすると、お母さんに「ダメ！」と遮られますが。

三砂　興味は三、四か月からあるんですね。

伊谷　すごくあります。

三砂　人間の場合、一歳前後で排卵が再開するお母さんが多いように思います。だとすると、チンパンジーが四、五年間発情しないというのは……。

伊谷　でもチンパンジーの場合、子どもが三、四歳くらいまでおっぱいをくわえていますからね。出産間隔がそれくらいになるというのは、そういうことなのだと思います。

三砂　人間もそうやって三、四歳くらいまでおっぱいをあげていれば、排卵しないかもしれませんね。

伊谷　あとはおっぱいが実際に出ているかどうかの問題で。おっぱいが出ていなければ、子どもは当然、違うものを口にするようになりますよね。

三砂　メスにしてみたら、ずっとおっぱいをすわれていれば排卵しないのでは、と思いますけれども。

伊谷　でも何かを口にしなければ、子どもは生きていけませんから。おっぱいが出ていればそれでいいけれど、出なければ他の食べ物に興味を持ち始める。そうすると、サックリングの頻度がどんどん下がるということもあるでしょう。

大型類人猿の生理サイクル

三砂　いずれにしても、チンパンジーは四、五年、ボノボは三、四年、発情しないということですね。

伊谷　ボノボの場合はややこしくて、発情していなくても性皮が腫れる場合があるし、性皮が腫れてもいないのに交尾をすることがある。その意味では、ボノボの生理は人間に近いのかもしれません。人間だって排卵しているから発情するわけではなくて、排卵しなくても発情する人はいっぱいいるわけで。その点で、ボノボはチンパンジーと人間の間くらいにいるのかもしれない。
先ほどお話しした産後一年も経たないうちに発情したチンパンジーのマルコの例もあります。でも、まあ、想像妊娠のようなものかもしれません。妊娠していないのにお腹がふくらんできたりすること、あるじゃないですか。

三砂 ああ、想像発情。いや、擬発情というべきか。

伊谷 犬も偽妊娠しますからね。交尾したら身体が妊娠したと思い込むんでしょうね。乳腺が発達したり、お腹が膨らんだりします。「あっ、妊娠しよった」と思って調べてみたら、していないということが実際、ありました。何でそんなことが起こるのかはわかりませんが、犬自身も「え?」みたいな顔しているんですけどね。犬の場合、メスは季節に関係なく六から一〇か月ごとに発情します。

三砂 犬にも月経があると言われていますね。

伊谷 犬の場合は人間の月経と異なり、発情出血です。発情して三日から四日目に排卵します。メスは発情期しかオスを受け入れませんから、メスが発情出血したらオスは交尾をすることができます。

三砂 いわゆる人間の月経プロセスとは違うということですね。他の動物もそうなんですか。

伊谷　そうですね。人間は黄体ホルモンの減少によって子宮内膜がはがれることで出血しますが、例えば犬の発情出血は卵胞ホルモンのエストロジェンの増加で起こります。ヒト上科以外の動物は種によって繁殖生理がさまざまですね。

三砂　大型類人猿の場合は、人間と似たような月経プロセスを踏むと。

伊谷　そうです。人間より少しサイクルが長いだけで。ただしチンパンジーとボノボはそうですが、オランウータンやゴリラはよくわかりません。

三砂　子宮内膜が準備され、それが着床しなければ月経として出てくるという意味において、ということですね。つまりこのプロセスは、大型類人猿以上が持つものであると。

伊谷　多くの霊長類が独自の月経周期を持ちます。たとえばニホンザルは季節繁殖で地域によって異なりますが、だいたい秋から冬が繁殖期でその期間に集中的に交尾をします。

三砂　一か月に近い間隔で排卵しているのは、大型類人猿だけということですね。チンパンジーとボノボはもう少し間隔が長いんですよね。

伊谷　およそ三四日です。ボノボのほうがもう少しだけ短いかもしれません。ゴリラはわかりませんが、繁殖に季節性がなく、出産間隔は約四年です。もちろん個体差はあります。

三砂　人間は二八日とか三〇日と言われ、月の満ち欠けと同調していると言われるのが「月経」の呼び名の所以ですが、ボノボやチンパンジーは月のサイクルとは無関係なのですね。

伊谷　関係ないのではないでしょうか。暦というのは、人間が作ったものですから。

三砂　たしかにそうですが、月がまわっているから暦になっているわけで、それが女性の生理周期と同調しているために月経と呼ばれているわけですよね。大潮や台風のときに出産が多いのも確かで、女性の身体はやはり潮の満ち引きや月の動きに関連しているのだと言われますが、それはボノボやチンパンジーには当てはまらないのですね。

伊谷　それはわかりませんね。そもそも、必ずぴったり三四日というわけでもありませんし。短いやつも長いやつもいます。ただの平均値です。

三砂　まあ、人間でも三四日とか、三五日の周期の人は、いますからね。

伊谷　そう考えると、ヒトも含めたヒト科の動物たちはそういうサイクルを持つように進化してきたのかもしれない。

三砂　チンパンジー、ボノボの発情期は、毎月訪れると考えているのですか。

伊谷　通常は毎月ありますよ。

三砂　だとすると、周期日数は三四日だとしても、人間と似たような排卵サイクルだと言っても間違いではないのでは。

伊谷　われわれは外から見て性皮が大きく腫れていれば「発情」と言っているんですよね。

最大腫脹をしているのが三日ぐらいで、その前後一週間ぐらいが発情中。われわれは最大腫脹時に排卵があると考えていますが、少なくともその一週間のどこかでは必ず起きている。

そう言えるのは、チンパンジーの場合、その間に集中的に交尾をするからです。われわれはそれを見て、その後一か月を待つ。それで次の月経が来れば、「ああ、妊娠せえへんかったな」とわかる。それからまたしばらくするとお尻が腫れてきて、「ああまた発情しとるわ」と。

三砂　やっぱり発情と発情の間で月経が起きていると見ているのですか。月経は人間と似た感じなのでしょうか。

伊谷　ええ。血が出ますね。だーっと出るわけではありませんが、ぽたぽた床に落ちていたりするので、わかります。排卵は月経の一〇日から二週間前に起きています。

三砂　人間と同じですね。チンパンジーの場合、集団の中に常に発情中の個体がいる感じですか。

伊谷　集団のサイズにもよりますが、全部のメスが同じ時期に性皮が腫れるわけではなく、バラバラです。

三砂　月に一度のメンストレーションサイクルは、もしかしたら大型類人猿まで進化してから生まれたものかもしれないわけですね。それ以外の野生動物では、定期的に排卵するグループと、交尾のときに排卵するグループがいると考えられているのですか。

伊谷 そうです。猫の場合、メスは五〜九か月で成熟して、年に二〜三回発情しますが、オスはメスの発情に反応して交尾をします。オスはメスの発情によって発情するので、一年中ほとんど発情可能です。

三砂 発情の段階ではまだ排卵しておらず、交尾すると排卵するということですか。

伊谷 そうです。交尾をしたときだけ排卵する「交尾排卵動物」で、交尾後に排卵するので受精の確率が高いし、猫には生理がありません。排卵すると猫の発情は終わります。

交尾と生殖と寿命のややこしい関係

三砂 チンパンジーやボノボの寿命は何年ぐらいですか。

伊谷 野生と飼育下では違いますが、野生の場合は四〇年くらいですかね。そこまで生きるとかなりの年寄りになってしまいますが、飼育下ならもっと生きる個体もいます。[*8]

映画「ターザン」にチータというチンパンジーが出てきましたが、あのあとアメリカのフロリダにあるチンパンジーの老人ホームのような施設にいました。おそらく八〇歳くらいまで生きたんじゃないかな。

三砂　飼育下ではそんなに長く生きるのですか。

伊谷　飼育下では五〇から六〇歳くらいまでと言われていますが、それは本当に寿命を全うした場合です。オスは三〇歳代くらいで心臓発作を起こして死ぬことも多く、そこまで長生きする個体はいません。それでも五〇歳くらいまでは生きますね。野生とは栄養状態がまったく違いますから。

三砂　でもメスが四、五年に一度しか発情しないということだと、生涯に産む子どもの数はあまり多くありませんよね。

伊谷　そうですね。チンパンジーの場合は一二、三歳が初産なので、四〇年生きたとしたら、六、七頭。ただ、人間の場合はある年齢以上は妊娠しませんが、チンパンジーは死ぬ

＊8　国内の飼育下チンパンジーの平均寿命を出した論文がある。平均で40歳。Havercamp K, Watanuki K, Tomonaga M, Matsuzawa T, Hirata S. (2019). Longevity and mortality of captive chimpanzees in Japan from 1921 to 2018. *Primates* Volume 60, Issue 6.

まで妊娠するので。

三砂　たしかボノボもそうですね。大型類人猿はみんな、メスである以上、年齢にかかわらず子どもを産めるという。

伊谷　われわれがとってきた野生・飼育下合わせた全データから算出したのが、そういう結論でしたね。私が見ていたボノボも、「もうおばあちゃんでかわいそうやのに」と思うことがよくあって。七歳の子どもがしがみついていて、お母さんのお乳はもう出ていないのに乳首をくわえているみたいな。お母さんはもちろん、交尾もしていました。

三砂　オスはどうなんですか。死ぬまで生殖能力があるのでしょうか。

伊谷　たぶんあります。

三砂　オスもメスも死ぬまで現役ということですね。それはそれで大変そう（笑）。そこが人間との大きな違いなのでしょうか。

伊谷　そうですね。私の師匠の加納先生が指摘していたのが、ボノボの睾丸の大きさです。「あんだけデカかったらなんぼでも出てくるよなあ」と、よく言っていました（笑）。

三砂　ヒトには更年期があるし、男性も多くの場合は次第に生殖能力が衰えますよね。それはなぜなのでしょうか。

伊谷　繁殖以外の目的で交尾しすぎなんじゃないでしょうか。

三砂　繁殖以外の目的で交尾をしすぎたから更年期障害が生まれた、と？

伊谷　そう。いろんな機能が早く終わっちゃうということですよね。ボノボは繁殖以外の目的でも交尾しますが、常に射精はしていない。人間は繁殖以外の目的で性交しても、射精する。

三砂　だから、男性の生殖能力は歳をとるにつれ失われるのだと。女性はどうでしょうか。

伊谷　女性の場合、卵母細胞はもともと数に限りがありますから。男性の場合は、使いすぎれば工場が衰える。

三砂　ああ、そうか。でも、精子の能力と勃起の能力は別の話なのではないですか。

伊谷　別の話ではあるのですが、要は一生の間に精子をどれだけ使うかということです。チンパンジーやボノボの生涯交尾回数と比較したことがないので正確にはわかりませんが、おそらく人間のほうが多いのではないでしょうか。だから年齢に比例して、製造能力が落ちていく。若い頃はたくさん作っていたのが、だんだん少なくなっていくということですから。歳をとっても若い頃と同じように作られていたら、そのへんの爺さんも怖いで、ということになる（笑）。

三砂　それは、精子を使わなければ生殖能力を維持できるということでしょうか。

伊谷　いや、ほとんどの動物は繁殖目的でしか交尾をしないのです。つまり、交尾のときしか射精を伴わない。動物園にはたまにマスターベーションを覚えた猿とかいますけど。でもボノボのように繁殖とは違う目的で性行動を使っている場合に、そこに必ず射精があるかといえば、そうでない場合が多いわけです。人間の場合もボノボと同様に繁殖以外の目的で行うけれど、その多くが射精を伴うでしょう？　そこにボノボと人間の違いがある。人間のほうが早く製造能力が衰える原因は、ひょっとしたらそこにあるかもしれない。もちろん、本当のところはわかりません。違いだけを比べて気づくポイントはそこしかないということだけで。

三砂　うーん、どうなんでしょう。中医学などでは、若さを保ちたければ、なるべく射精するなともきいたことがありますが、それってそういうことなのかしら。

伊谷　わかりませんけどね。種によって行動の位置づけが違いますから。以前、論文にも書いたのですが、ボノボは頻繁に交尾をしているように見えますが、実際にチンパンジーとボノボで交尾の頻度を比較すると、実はそんなに変わらないのです。チンパンジーにとって交尾の位置づけは繁殖だけですが、ボノボの場合は、交尾という行為がまったく別の位置づけになっていて、一概に性行動と結びつかなかったりする。交尾への意識が大きく違っているのだと思います。

三砂　意識？

伊谷　意識というか、どう言えばいいのかなあ。
　私はチンパンジーだって必ずしも繁殖のためだけに交尾をしているとは思わないけど、第一の目的はやっぱりそこですよね。一方でボノボの場合は、普段は繁殖目的で交尾をすることが多いけれど、かれらにはわれわれが気づかない別の感覚がある気がしているのです。相手が発情中で排卵しているとき交尾をし、そこに射精が伴えば繁殖に結びつくと認識しているかどうかはわかりませんが、彼らは繁殖以外の目的でも交尾をする。

三砂　それはヒトと同じではないですか。

伊谷　ヒトは射精が伴うじゃないですか。

三砂　伴わないこともあるでしょう。ヒトは、生殖行動以外でセックスするときにも必ず射精すると思い込んでいるからなのでは？

伊谷　いや、違うんです。われわれにとって、セックスは日常的に交わす「こんにちは」とはレベルが違いますよね。ところがボノボではそうなんですよ。

三砂　ああ、そうか。同じ集団の仲間みんなとやる。

伊谷　射精が伴わなくても、人間はその都度そんなことしないじゃないですか。

三砂　たしかに。朝ゴミ出しで会った隣のおじさんとそんなことしませんね（笑）。

伊谷　「おはようさん！」って言ってやらないでしょう（笑）。ところがボノボはしているんですよ。その行為の感覚自体がわれわれとはまったく違うところで機能していて、その感覚の違いこそが影響してくるのかもしれない。そういう話なんです。性というのは脳に支配される部分が大きいので、そのへんが効いてきているのかもしれません。

三砂　そうか、ボノボの場合は交尾行動が性にかかわる行動と定義されていないということですね。それは一番腑に落ちます。

伊谷　一方で、性にかかわる行動として交尾しているチンパンジーが一生涯ずっと生殖行動ができるというのは、どういうわけなのか。これがちょっとわからないのですが。

三砂　そうですよね、人間だけが死ぬまではできないのですから。

伊谷　人間だけが違うということは、ボノボのどの部分とチンパンジーのどの部分をとれば、人間に結びつくのかを考えればいいのではないかと。

三砂　人間であるということには、壮大なミッシングリンクがあるのですね。

私まだよくわからないのですが、ヒトは射精の機会が多いために早い段階で生殖行動ができなくなるという説をおっしゃいましたが、女性に置き換えて考えると、女性の場合は排卵がなくなった段階で生殖行動は終わりますが、性行動の能力はずっとあるじゃないですか。

伊谷　うん。そこがチンパンジー、ボノボと違うところですよね。かれらはメスもオスも一生ずっと生殖期だから。

三砂　男性のことはひとまず置いたとして、女性の場合は生殖期が終わっても、性行動自体は一生涯において可能である。これはどう捉えればいいのでしょうね。おばあさんの存在は子育てに便利だから、生殖期が終わっても生きている、というようなことがよく言われますが、まだ納得できないことはたくさんあります。

伊谷　ばあさんがいると子育てが便利だというのはまさにこじつけで、まったく関係はないと思います。だって、おばあさんのいない世界だってあるわけですから。

三砂　そうですよね。生殖期を終えてもこれだけ長生きするというのは、他の大型類人猿にもないですよね。

伊谷　ないと思いますが、そもそも現代人が長生きしすぎているだけなのかもしれない。私がフィールドワークしていた村の平均寿命は四〇から四五歳くらいですから。今でこそ近代医療が発達し、病気になれば薬をもらったり、診療を受けたりするし、何かのついでに病院に行かせて治すようにしているので六〇、七〇歳まで生きる高齢者が増えてきましたが、人口一八〇〇人ほどの村の男女を集めて平均寿命をとったら、ぐっと下がると思いますよ。

三砂　でも逆に、人間は生物学的にはもっと長生きできる、みたいな説もありますよ。

伊谷　そうなのかなあ。

三砂　話は変わりますが、先進国では女子の初潮年齢がどんどん早くなっているんですよね。私たちの祖母の頃は一七とか一八歳でしたが、私の世代で一二歳前後になり、今では小学校三、四年生、一〇歳前後で初潮が来る子が珍しくない。一方、男子の精通年齢は、生活が近代化されても、世界中一五歳前後で変わらないらしい。なぜ女性だけが早熟になってきているのか。もちろん月経が始まったからといってすぐに妊娠できるとは限りませんが、メスだけ月経が早く始まる理由は、まだ医学的には解明されていないし、仮説すら立てられていないといいます。環境ホルモンが影響しているといわれたこともありますが。

私たちの祖母の世代では、一七、八歳頃まで月経のない女性は結構いて、だから初潮が来たらすぐ結婚して、一〇代後半から子どもを産み始め、一〇人ぐらい産む。四五歳に閉経を迎えるまでの生涯月経回数が五〇回くらいの人が多かったといわれている。月経が観察されることは少なかったし、女性の人生においてもさほど大きなものではなかったのです。妊娠・出産・授乳を重ねている限り、そんなに何度も経験することではありませんでしたから。

それが今では初潮が早まり、結婚年齢が遅くなっているから、無駄に月経回数が増えている。出産回数は多くて二、三回。産まない人もたくさんいるので、生涯月経回数は数百回というすごい数になる。
私は、そういうことこそが女性の人生に負担をかけているのではないかと考えています。月経回数がむやみに多いことで、本来以上に身体の機能を酷使している。そのことが負担になっているという考え方も必要なのではないでしょうか。その意味では、初潮が始まったらすぐ結婚し、妊娠、出産をして四五歳くらいで死んでしまっていた昔の人間は、チンパンジーやボノボとそんなに変わらない気もします。

伊谷 先ほどおっしゃった、人間は本来もっと長生きできるというのは、やはり幻想だと思います。自然に寄り添った形で生活していれば、長生きはできません。近代国家に生きている以上、文明や文化から何らかの恩恵を受けている。ストレスの度合にしても食べ物にしても、寿命をのばす要素がたくさん含まれているのです。原野や森の中で生活していたら、八〇、九〇歳までなんて、決して生きられません。

三砂 人間が元来生きていたとされる状態が今も残るアフリカで研究をされてきた実感として、そう思われるということですか。

伊谷 そうです。これだけ便利になって、いろんなものを持っていても、あのウガラの原野に一人で生活できるかといえば、無理でしょう。私たちの世代だから、かろうじていろんなものを持ち込み、朝から晩まで調査そっちのけで釣りをして食料を確保するとか（笑）できましたが、そうまでしないと食べるものがないのですから。このストレスは大きい。

チンパンジーだって、野生では原野を一日十数キロも歩き回って餌を探す。生きるための最も重要な「食べること」のために、一日の大半を費やしているのです。

三砂　人間にとって、捕食行動がそれほど大変だったということですね。乾燥帯でヒトの祖先が生まれたとすると、やはり捕食行動は非常に過酷だったのだろうと思いますね。

伊谷　武田淳さんが言うように、「人間は食べるために生きている」のですから。人間は植物食から離れ、肉を食べることができるようになったから、過酷な乾燥帯に出ていくことができたのだと思います。植物だけに頼っていたら、あんなに何もないところで生きるのは無理です。もしわれわれが調理という手法を身につけていなければ、ますます植物に頼ることになり、生きのびられなかったでしょう。葉っぱさえ手に入らないのですから。

三砂　それは、人間の起源がそのあたりにあるからですよね。だって世界中にもっと豊かな土地なら他にたくさんあるじゃないですか。

伊谷　でも「豊かな土地」というのは、人間が作物を作るからですよ。人間が農耕を始めたのはほんの一万年ほど前のことで、それまでは狩猟採集生活をしていた。

三砂　狩猟採集生活において、捕食は非常に過酷だったのですね。

伊谷　そう。だってほとんどは「採集」で、「狩猟」なんておまけみたいなものでしたから。獲物が獲れれば、高栄養でおいしいものが手に入るから、みんなムキになっていただけで。

三砂　つまり、人間と大型類人猿の共通祖先はアフリカで誕生したが、ヒトにおいてアフリカでの捕食活動は非常にむずかしく、生殖期が終わるまでが寿命だったのだろうと。それ以上生きるようになったのは、一万年前からの農耕生活と文明の結果に過ぎない。アフリカ研究からの知見では、そう言わざるを得ないということでしょうか。

伊谷　そう思います。人類の歴史において産業革命がすごかったと言われますが、あんなのはたいしたことではない。それ以前の農業革命がなければ、生まれなかったのですから。農業革命による最大の成果は、一つの場所で安定して食物を得られることでした。

狩猟採集生活では食べ物を求めて常に移動していなくてはなりません。一か所にとどまっていたら、死ぬんですから。そのため家はいつでも建てられ、道具や家具も最低限の質素なものになる。

農業の始まりは定住の始まりを意味していました。雨露をしのぎ、風をしのぎ、場合によっては暖かくもできる家を持てるし、食物をため込む貯蔵庫も持てる。そこにとどまり、歩き回ることなく落ち着いた生活ができる。

三砂　動物の進化としては、アフリカにおけるヒトとチンパンジーとボノボは、そんなに変わらなかったということですか。

伊谷　そうです。われわれヒトを長生きさせているのは、文明の力だと思います。今の私たちの寿命は、人間の進化のプロセス上も、かつて経験したことのない見知らぬ世界に突入している。その理由がどこにあるかと考えると、やっぱりそういうことなのではないかと。

チンパンジーの記憶と感情

三砂　もう一度、ＧＡＲＩのことをお聞きします。ＧＡＲＩは二〇〇一年一〇月に完成し、何年間活動したのでしょうか。

伊谷　一二年です。二〇一三年三月に閉めました。東日本大震災直前の二〇一一年一月に親会社が破綻したのです。それで閉鎖せざるを得なくなってしまった。二〇一二年には会社が売却され、役員のほとんどが会社を去りました。もろもろの所有施設は他企業に売りに出したのですが、なかなか引き受けてくれるところがなくて。結局、大阪の会社の傘下に入りました。ＧＡＲＩについては一括して引き受けてくれるところを手を尽くして探したのですが、うまく行きませんでした。

売却後、秘書や事務職の希望者は売却先に移り、研究者は私が二〇〇八年から京都大学野生動物研究センターのセンター長を兼任していましたので、ここで引き受けたり、霊長類研へ行ったりしました。まったく別の世界にいったスタッフもいます。探してもなかなか転職先が見つからなかったケースもあります。

三砂　チンパンジーはどこへ行ったんですか。

伊谷　熊本サンクチュアリで引き取ることにしたのです。私はＧＡＲＩと野生動物研究センターの双方の所長だったので、ややこしかったのですが、新しい親会社と交渉して、資金の提供もしてもらうことにしました。そして八頭全部を引き取りました。

三砂　まだ生きているのですか。

伊谷　全部生きています。ＧＡＲＩが潰れた後も、私は日本動物園水族館協会にも関わっていたので、ロイとツバキを愛媛県のとべ動物園に動かしました。この二頭はもともと繁殖できるカップルでしたから、移動後も赤ちゃんを産んで暮らしています。

三砂　とべ動物園には、他のチンパンジーもいたのですか。

伊谷　いました。建物も新築してくれたので、そこに新しい集団を作り直しました。

三砂　その子たちは、まだ伊谷さんのことを覚えているのでしょうか。

伊谷　覚えていますよ。先日、とべ動物園で研究会があったので、久々に会ってきました。ロイは今や集団の大ボスですけどね。でかい態度で闊歩していたところに、「ロイー！」と声をかけたら、「え？　聞き覚えのある嫌な声がしたな」という顔をして(笑)。しばらくしてもう一度「ロイ！」と呼んだら、「ああ、ああ。お久しぶりでございます」って感じでこちらにやってきました。ちゃんと覚えているし、手話を使って話しましたよ。

三砂　手話で、どの程度の会話ができるのですか。

伊谷　餌を見せたら「食べる！」とか、どれがほしいか尋ねれば、「これ！」とか。その程度ですが。

三砂　相手との関係性や記憶は、かれらの中で鮮明に残っているということでしょうか。覚えているはずだというのは、わかっていたのですか。

伊谷　わかっていましたよ。チンパンジーやボノボと付き合っていたら、かれらはすごく記憶力がよいことはわかります。どれだけ時間をあけても覚えていますから。

三砂　それは野生のチンパンジーの話？

伊谷　野生の場合、他の人が行けば逃げますが、私が行けば逃げないので、覚えていることがすぐにわかります。以前テレビのカメラクルーといっしょにフィールドに行って、クルーが大きな機材を持って近づくと、チンパンジーたちはみんな逃げたのですが、クルーに下がってもらい私が一人で行ったら、逃げることなくそこに留まっていました。「ああ、あいつはよう来てる奴や。顔も知ってるわ」くらいの反応です。大型類人猿なら、オランウータンもチンパンジーもボノボも同じです。

三砂　彼らは覚えている。だとすると、かれらにも記憶や感情があるということですよね。記憶と感情があるのなら、物事を抽象化したり、幻想を持つといったことも可能だということになりますね。

伊谷　そうでしょうね。

三砂　一人になったロイが、時々伊谷さんのことを懐かしく思ったりすることもあるということ？

伊谷　まあ、そういうこともあるのかもしれませんね。

三砂　記憶があるということは、目の前に即物的にないものについても、幻想を作り上げることができるということですよね。関係性への思い込みや、恋しく思うといったことも含めて。

伊谷　ただ、チンパンジーが頭の中で何を考えているかは、なかなかわからないし、証明することはむずかしい。多くの動物は、目の前の現象に素直に反応しているだけで、想像までは行っていないような気がします。覚えていることは確かに証明されていますが、いない人のことをどう思い、何を考えているかまでは、わからない。

もう一つびっくりしているのは、人間の大きな特徴の一つ、未来予測が、チンパンジーやボノボにもできるとわかったことです。

三砂　未来予測とは？

伊谷　ある行動と次の行動、今やっている行動と、まだやっていない行動を結びつけられるということです。

例えば、かつてアメリカのジョージア州立大学にいたボノボのカンジは人の話す英タームを一五〇〇語、文法も理解していました。声帯が人と異なるので発話はできませんでしたが、特殊な記号文字盤の器具（レキシグラム）を使って自分の意思も伝えていました。彼は森の中で「焚き火でもしようか」と言うと、小枝を集め始め、私のポケットに入っているライターを取り出して、自分で火をつけます。

三砂　「焚き火をしよう」と言うと、次にそういうことをしなくちゃいけないと予想できるということですね。

伊谷　経験に基づいているのだと思いますが、「焚き火」という言葉を聞いて、次にやるべきことがわかるということは、未来予測ができている証拠ですよね。「昼メシはスパゲティにしようか」と言うと、まず鍋に水を張らなくちゃいけないとわかる。その意味ではわれわれの未来予測も経験に基づいていますから、かれらと変わらない。

以前、私がアメリカに行った際、カンジとかつて一緒に暮らしていたスー・サベージ・ランボウ（元ジョージア州立大学の言語学者で、カンジの育ての親）が「カンジ、ゲンが来たわよ」と英語で話しかけた。あいつは一五〇〇もの英単語がわかるし、私の発音の悪さを指摘するほどなんです。カンジはスーにそう言われて、うれしかったのでしょう、「おー！」と喜ぶ反応をした。スーが「今日はゲンが来てくれたし、近所の中華料理店でテイクアウトして、みんなで乾杯しましょうよ」と大きな声で言ったら、手を叩いて大喜びしていて（笑）。中華料理の味を知っているということですよね（笑）。

レキシグラムというボードを使って意思を伝えることができるのですが、食事中に歓談していたら、「トイレ！」と言って席を立って自分で用を足しに行き、ちゃんと流して帰ってきました（笑）。

三砂　トイレ使えるんですか？

伊谷　使えますよ。家の中にいるのに、その辺にされたら困りますからね。「ちょっと行ってくる」という感じでした。

カンジを見ていても、ある程度、経験に基づく未来予測ができることがわかります。ただ、他の動物も未来予測をしている可能性はあります。例えばゾウは、かつて自分が危険な場面に遭ったところは避けて通らないとか、見たことのないものにはなるべく近づかないと言われている。まだ証明はされていませんが、ゾウのような高等動物は、経験に基づく未来予測ができる可能性はありますよね。

三砂　ボノボとチンパンジーのハイブリッドって、可能なのでしょうか。

伊谷　できるでしょうね。ヒトともできるのではないでしょうか。でも仮にできても、それをどう育てるのか。ボノボにするのか、ヒトにするのか。生物学上はエフワン[*9]はできるけど、エフツーはできない。

三砂　ゴリラ、チンパンジーもあり？

伊谷　できるでしょうね。ただ、ゴリラは性行動がチンパンジーやボノボとは違いますからね。全然生殖行動をやる気がないんですよ。この間動物園で見たメスゴリラの発情はすごかったけど、それを見てもオスのゴリラは反応しない。最後にはやっていましたが。

JMCにタロウというオスのゴリラがいます。動物園としてはなんとか繁殖させようと、メスのゴリラをあてがっていろいろしたのですが、結局交尾をしなかった。

三砂　記憶といえば、犬も何年も会わなくても覚えていますよね。

伊谷　あれはたぶん匂いですね。鼻の奥には鼻上皮という臭いを感じる構造があり、犬のそれは人の五〇倍くらいの面積になります。犬の臭覚は人の数千倍もあります。その中に匂いをすべて分類してため込んでいる。だから嗅いだことのある匂いはすぐに脳に送られ、「あ、知ってる、この匂い」と記憶が蘇るのでしょう。ちょっと仲よくした犬は、たいてい覚えていますよね。

霊長類の鼻は、人間よりはいいですが、そこまではよくない。かれらは匂いではなく、はっきりしたビジュアルで記憶を結びつけています。声もよく覚えていますよ。熊本サンクチュアリにいるミズキは、今でも姿が見えなくても私の声を聞くと大騒ぎします。姿を見ていなくても、声だけで「ああ、うちの大将が来た」って。あいつはやんちゃなので、知らない人が手を出すと引っ張ったりしますが、私なら普通に触らせるし、「背中もさすって」と要求までする。「座って」と言えば座るし、「足見せて」と言えば出します。「アーンして」と言えば、口を開けます。昔やっていた健康チェックを全部覚えているのです。

＊9　エフワン（F1）は雑種第一代を表し、エフツー（F2）は雑種第二代を表す。

おわりに

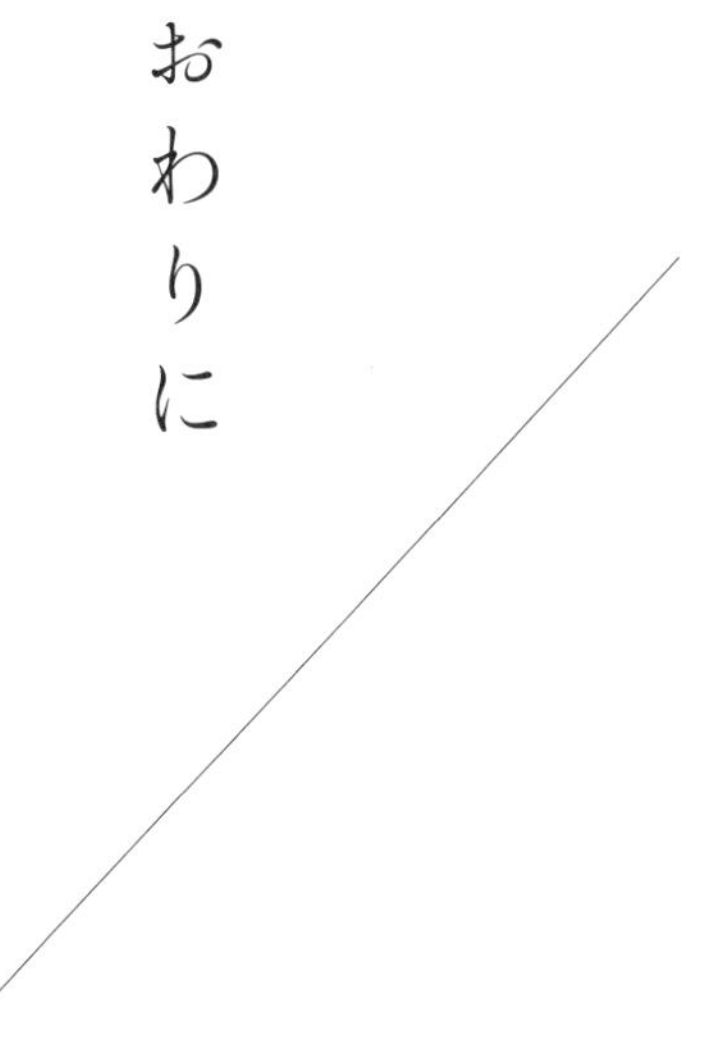

京大霊長類研究所

三砂　最後に、京都大学の、ある意味、看板でもあった霊長類研究所について、教えてください。

伊谷　今西錦司さんも伊谷純一郎さんも霊長類研究所をつくる時には関わりましたが、結局一度もそこの教員にはなっていない。伊谷さんは晩年、ほとんど霊長類研に近づきませんでした。

三砂　どうして？

伊谷　〝霊長類〟に特化していくばかりで、彼が本来目指したように〝人間〟に焦点を当てようとしない、ということが不満だったんだと思います。彼らの霊長類学は、「動物、その社会学的研究」ですから、あくまでも人間の社会を視野に入れた研究所を思い描いていたわけです。でも、その射程をいきなり人間社会にまで広げることはできない。そこで、歴史的なこととか進化的なこととかを考えると霊長類からやっていくしかないだろう、というのが、彼らの霊長類学の根本にあったわけです。

三砂　霊長類研究所の方向性は今西さんや伊谷さんの世代が描いたビジョンとは違う方向に行きつつあった、ということですか。

伊谷　時代がDNAなどのミクロの世界に入っていった、というのもありますね。伊谷（純）さんが晩年に嘆いていたことの一つが、細かい作業をし始めるときりがないということ。もう一つが、私自身も感じているんですが、何のためにその研究をしているかというのを忘れてしまっている、ということ。「研究はその都度原点に立ち戻り、それを再確認することによって本題の何が明らかになるのかを見つめ直さなければ意味はない」、とよく言っていました。

三砂　残念ながら、霊長類研究所は京都大学からなくなってしまいましたね。

伊谷　不正経理や論文捏造など、不祥事が重なりましたからね。京都大学は「霊長類研究所は解体するのではなくて、霊長類学の発展を目指した再編だ」と言っています。今後どういうふうに再編するかを議論する協議会ができあがり、私も委員として参加しています。とりあえずは、これまで霊長類研究所がやってきたフィールドワークなどは全部やめ、組織の規模を半分くらいに小さくして、ヒト行動進化研究センターという名前に変えて脳神経系の実験研究に特化した組織にした。

今までそこでフィールドワークをしていた人、生態学をやってきた人、形態学をやってきた人はみんなバラバラになりました。社会生態学をやっていた人たちはほぼ野生動物研究センターに、つまり私が受け入れました。形態学の人は（京都大学総合）博物館に、生態学の人は（京都大学）生態学研究センターに移ることになりました。

霊長類研には、河合雅雄さんや杉山幸丸さんら、すごい人たちがたくさんいて、フィールドワークが盛んに行われていたんです。一方で、ケニアなどで霊長類の化石の研究をする形態学的なこともやっていました。それ以外に、病気や生理や脳神経系の研究をしたりするグループがあった。つまりいろんなグループがいて、総合的に霊長類を研究する組織だったわけです。さらに認知科学という新領域を始め、チンパンジーの「アイ」の研究などで一気に霊長類研の知名度が上がり、対外的に大きなアピールになった。

実はこの野生動物研究センターにも認知科学という分野があって、有能な研究者、平田聡もいますが、今は動物福祉（動物心理学）という名にしています。

三砂　認知科学というのはコグニティブ・サイエンス（cognitive science）ですよね。それはどこから出てきた学問ですか。

伊谷　心理学ですね。

三砂　霊長類研究所というのは一つの歴史を閉じたわけですけど、日本モンキーセンター（JMC）というのは続いているわけで、今までのお話を伺っていると、霊長類の研究は、JMCが今後、担っていく可能性もありますよね。

伊谷　あります。

「京都大学は霊長類学をやめるわけじゃなくて、けじめをつけて、発展的解消する」と京大総長が記者会見でそう言ってしまった以上、「そのツールとしてJMCを使ったらどうですか？」と私はいま大学に持ちかけているところなんです。

三砂　それは歴史的に見てもすごく整合性があることですよね。

現在、伊谷さんは野生動物研究センターの教授です。だけどもともと霊長類学者ではないですか。その人が運営する野生動物研究センターにも霊長類の研究が入ってくるというふうに設立当初から期待されていたということですか。

伊谷　大学の中では、霊長類の研究は霊長類研究所でやるべきだという位置付けでした。

三砂　じゃあ、伊谷さんは何を期待されてここ（野生動物研究センター）に来たのでしょう。

伊谷　おそらく運営面での貢献が期待されたのでしょう。私自身は霊長類の研究をやってもいいんですけど、霊長類をやりたいという学生がいなかったんです。

三砂　たしかに、みんなゾウとかキリンとかを研究対象にしていましたよね。

伊谷　霊長類学が蓄積してきたフィールドワークのノウハウを、他の野生動物研究にも応用しようと。

三砂　なるほど。あなたが野生動物研究センターに移って、日本の霊長類学が積み重ねていった方法論を他の動物に適用しようとした、と言えますか。

伊谷　そうです。霊長類学で積み上げてきた実績を他の動物の研究に生かすことはできる、ということです。

三砂　それはもちろんフィールドワークのやり方も含めて、ということですよね。

伊谷　例えばタンザニアで、キリンとかゾウとか大型動物を研究している欧米の研究者は車で走り回って見えたらポイントを打つだけ。あるいはセスナ機で飛んで大きな群れを見つけるとか。ところが私の学生だった齊藤美保（ASAFAS助教）は、ゾウもライオンもキリンもいる国立公園の中で、自分の足で歩いて観察してるんですよ。

本来、タンザニアの国立公園では車から降りたらいけないんです。だけど、銃を持ったレンジャーを一人つけるということで許可を得て、彼女は自分の足で歩いている。その距離感で見ているから欧米の研究者では見落としているものを全部拾えるわけです。

三砂　自分の足で歩いて自分で見るというやり方自体が日本の霊長類学が六〇年かけて作り上げてきた方法なんですよね。

伊谷　そうです。ずっと歩いてますからね。

それと野生動物研究センターでは、絶滅の危機に瀕した、アフリカ、アジア、南米にいる野生動物を対象にしている。これから絶滅すると言われている動物を日本でちゃんと研究する研究所にしようということです。

三砂　もう一つ、最後に、日本の霊長類学は、これからどうなっていくと思いますか。今西さん、伊谷さんたちから始まって半世紀以上が過ぎて、あなたは、それをつぶさに、おそらく最初から最後まで見ていた人の一人だと思うんですが、これからどんなふうになっていくんでしょう。

伊谷　見通しは、明るくないです。例えば、ある環境を切り取ったら、そこにいるものは植物も動物もすべてが要素なんですよ。チンパンジーがいて、一方で違う動物がいて、おそらくそこでなんらかの種間の関係が見えたり、あるいは私たちが想像もできないことが起きている可能性がある。だからチンパンジーを研究しに行っているからといって、チンパンジーだけを見ているわけではなくて、目に入るものは全部見る。たぶんそういうところから、今までにまったくなかった新しい発想とか、創造が生まれてくると私は思います。

人類はどこで発祥したのか

三砂　本書の最初からお聞きしている大きなテーマがありました。人間は森から出てきたのではなくてチンパンジーや人間の祖先はもともと乾燥帯にいたんじゃないか、という仮説です。その仮説は、ウガラに行くようになったからそう考えるようになったのですか。

伊谷　私も人間は森から出てきたものだと教えられていたし、当時そういう論文とか本しかありませんでした。ただ、ウガラに行き始めてしばらくしてから、伊谷純一郎さんと激しい議論をしたことがあった。その時、チンパンジーはいったいどこで誕生したかということを明らかにすれば、ヒトがどこで生まれたかもわかるはずだ、という議論になって、そこからそういう仮説に至ったのです。

そのことを伊谷（純）さんが書いたのが『人類発祥の地を求めて』（岩波書店、二〇一四年）。彼の最後の本です。じつはこの本は完結していない。伊谷さんはこれまでのアフリカ遍歴を残したいと思って病床で書いていた。しかし、完結しないまま彼が亡くなってしまった。私は小学生の頃から父が書いた原稿の清書をやらされていて、普通の人が見ると暗号のようにしか見えない文字を読むことができるんです。だから父が書き遺したその原稿を私が起こすことになったのですが、その原稿は完結していないので、その解釈の部分を、私と伊谷さんが議論した内容を含めて書いたんです。

そこでの議論の発端は、人類発祥をめぐる前提への疑問でした。「われわれ人類は森から出てきたんだ」という、一般に言われている前提はどう考えてもおかしいんじゃないか。どうして水もない、食物も少ない、過酷な乾燥した土地にわざわざ出てくるんだ？ と。それよりも、森から「出てきた」のではなくて「もともとそこにいた」者たちの末裔、レリックなんだと考える方が自然なんじゃないか。もともとそうした過酷な土地にいたからこそ、多くは豊かな森の方へと流れていき、一部の流れきれなかった者がそこに残ったということなんじゃないか。普通に考えれば、わざわざ豊かな森から乾燥帯に出てくるなんてことはしないはずだ、と。そういう考えに至ったわけです。

三砂　その仮説は、あなたと伊谷さんとの間の仮説なんですか。同じような考え方をしている人はいないんですか。

伊谷　いませんね。山極壽一さんもいまだに「ヒトはオープンランドで誕生した」と言っています。

三砂　これからもこの仮説を追求していきたいと思われているのですか。

伊谷　自分自身が早い段階に決めた一番のテーマは、「人間の社会はどう進化してきたのか」ということ。もう一つは「いったいヒトやチンパンジーやボノボは、どこで、どんな生活をしてきたのか」ということ。後者がわかれば、ひょっとしたら一番のテーマである前者の「人間の社会はどう進化してきたか」という命題を解き明かすことにもつながるかもしれない。

物事というのは、やっぱり環境的誘因に大きく影響されますから。どこかでその二つのテーマはつながるだろう、と。だから長い間ずっと森で研究をしていたんですけど、紛争で森に行けなくなった時に、じゃあ今度はもっと拓けたところに行ってそこでチンパンジーを見ていこうと思ったんです。

そういうことを考えてやってきたのですけど、二〇一三年にいままで森でしか見られなかったボノボが乾燥帯で生息していることがわかりました。それで「これは大変だ」とコンゴ（民主共和国）のフィールドに行き始めた。そこが三砂さんも行ったバリです。最初は、ワールド・ワイド・ファンド（WWF: World Wide Fund for Nature）・ジャパンにいた岡安直比（おかやすなおび）さんから乾燥帯にボノボがいるらしい、と教えてもらった。

チンパンジーが暮らす乾燥疎開林

三砂　岡安さん、伊谷純一郎さんの最後の弟子ですよね。

伊谷　彼女が最後くらいでしょうね。

それ以降は毎年、ウガラもバリも両方行くようになった。まずコンゴ民主共和国に行って、そのあとにタンザニアに行って、という感じでした。

三砂　乾燥帯のパッチ状のところにボノボがいたということは、あなたの仮説に大きな影響を与えているわけですね。

伊谷　そうです。おそらくボノボは森から出てきたんだと思うんです。あのパッチ状の土地で誕生したとは思えないんですけど、そういう環境に適応する能力を持っているという事実が持つ意味はすごく大きい。そもそもチンパンジーはそういう土地にいてもおかしくないはずだということになりますから。

三砂　でも、そのボノボがパッチ状のところにいるということは、逆に「森から出てきた」ということの一つの裏付けにもなるのでは？

伊谷　ただ、そこはもともと森だったところなんですよ。だからボノボは「森から出てきた」わけではないんですよ。

三砂　なるほど、森がパッチになってしまっただけだ、と。

伊谷　そう、だからそこを利用しているだけなんですよ。タンザニアの東の方も、もともと森だったはずです。でも、森だった頃は年代的に考えるとチンパンジーはまだ存在しなかった。乾燥地化したのは大地溝帯ができて以降です。チンパンジーとヒトが分かれたのが七、八〇〇万年前だとしたら、一〇〇〇万年前にはヒトとチンパンジーの共通祖先らしき種はいたはずです。そこで環境が大きく変動する中で、チンパンジーが誕生してきているので、おそらく乾燥化とともにチンパンジーが誕生したと考える方がスムーズなんですよ。

三砂　なるほど。じゃあ、あなたの仮説からすると、パッチ状のところにボノボがいるということは、それはもともと全部森だったところに乾燥帯ができて、たまたまボノボがそこに適応したにすぎない、ということなんですね。

伊谷　そう、おそらく森では実らないような果実や森にはない食物が乾燥帯にはあり、それをどこかのタイミングでボノボが見つけて乾燥帯に出ればあれが食べられる、と気づいたのでしょう。実際、乾燥帯でボノボがガーっと土を掘って何かを食べている映像が記録されています。たぶんキノコの一種だと思う。キノコの仲間（シモーキロ）は森の中にもあって、彼らの大好物なんです。

三砂　それは乾燥帯にもともとチンパンジーがいて、食べるものがあったということとは関係ないですよね。

伊谷　タンザニア西部の乾燥帯はもともとあんな乾燥帯じゃなかったはずなんです。最初は森だったはず。少なくとも今のようなアカシア優勢ではなかった。

つまり重要なのは、一つはそういう環境の激変があっても適応しうるということ。もう一つは、その頃そこにいたのがチンパンジーかどうかというのはわからない、つまりチンパンジーの祖先はいたかもしれないけどチンパンジーそのものがいたかどうかは断定できないので、その祖先が残っていてやがてチンパンジーになった。そう考える方がわかりやすい。森だった頃にチンパンジーの祖先がいて、それが徐々に環境の変化の過程でチンパンジーが出てきたんじゃないか、と考えることができるわけです。

三砂　じゃあ今そのパッチ状のところにボノボが見つかったということは、たまたま環境が変わってボノボが乾燥帯でも生きのびているということは、環境が変われば同じようなことがチンパンジーでもあり得るということですか？

伊谷　あり得ると思います。でも、乾燥帯に適応しているボノボと純粋に森しか知らないボノボでは何かが違うはずなんですよ。何が違うのかがわかってくると、もうちょっといろんなことがはっきり言えるようになると思います。

三砂　それはもともと森にいたチンパンジーの祖先と今のチンパンジーになったものとの差、みたいなものがわかれば、ということですね。

伊谷　そうです。

三砂　あなたは京大をもうすぐ退官されるわけですけど、ワンバのボノボと、ウガラのチンパンジーと、バリのパッチ状のボノボの研究をつなげながら、最終的に自分が最後まで追いたいと思っているテーマはどういうものなのですか。

伊谷　一つはボノボの社会とチンパンジーの社会をだいぶ見てきたので、その中で〝家族の誕生〟みたいに人間の社会につながる要素を何か見つけること。集団として、あるいは社会として、何か見えてくるんじゃないかな、というのが一番大きなテーマです。

もう一つは、ちょっと視点を変えて、本当にチンパンジーなりボノボが森林で誕生したということが事実かどうか、ということ。後者のテーマを追求していって、もし私の仮説の通り、乾燥帯に適応して生きてきた、もともとそこで生まれたんだということがわかれば、進化論が大きく書き換えられることになりますよね。

どう考えても、森の中で生まれたサルが乾燥したひらけたところに出て二本足で歩くようになってヒトになった、なんておとぎ話にしか思えない。何の証拠もないし、たまたまイブ・コパンというえらい人類学者がそう言っただけ。

大地溝帯が隆起して山ができて東側が乾燥して西側が湿潤化したというタイミングと、チンパンジーたちが誕生したタイミングが年代的にあまりにも違いすぎるんですよ。動物は、美味しい食べ物があるところにはどんどん進出していくけれど、わざわざ食べ物がないところに進出していくということはあり得ない。だけど、ウガラにはチンパンジーがいる。なぜわざわざ森からあんな過酷な環境に出てこなければいけないのか。やっぱり森というのは、いろんな動物が生きていく上で非常に重要な要素をたくさん持っている。だから森から出ていってヒトになったのではなくて、もともとヒトは森に住んでいて徐々に食性が変わって肉を食べるようになったのでその肉を得るためだけに乾燥帯に出ていったんじゃないか。

ピグミーたちは森の中にいて狩猟採集してるじゃないですか。あの人たちは乾燥帯に出ていってない。一方で、ブッシュマンやハッザはもっと大きな獲物を狙い始め、だから乾燥帯を動き回ってるわけです。いろいろ考えていくと、サルが森で誕生して、それが乾燥帯に出てひらけたところで二本足で歩くようになったからヒトになったという話は書き換えられるべきだと思います。

それがちゃんとした根拠をもって説明できるようでなければならない。大地溝帯ができた年代がいつかというのも重要です。地質学者によって見解が違うんです。

そもそもわれわれはどんな環境に適応して誕生したのか、ということをちゃんと解明しないと人類進化を語ることはできないと思う。人類進化の仮説のほとんどは、誰かが言ったそれらしいことからスタートしている。姿勢としてあらゆることは疑って見なければいけないと思います。

三砂　そういう問いを抱えて、行けるところまでフィールドワークをしたい、という感じですか。

伊谷　コロナ禍によるこの三年間の中断は大きいですね。体力的にも歳をとれば、それだけ衰えてきますしね。今まで一年に一回、まあ一、二か月間だけど、フィールドに行って歩いていました。これはすごいことだったんだなというのがこの三年間でよくわかりました。それをしなくなったら体力は落ちるし、足は上がらなくなるし、フラつくし。

なんとかして体を毎日鍛えなければいけないんですけどね。アフリカに行くときはそれなりの準備をしていくんです。ちょっと走ってみたり、ちょっと遠くまで散歩してみたり。アフリカに行くと最初の二日間くらいはしんどいんですけど、三日目くらいから足が戻ってきて歩けるようになる。それからしばらくいるとだんだん体力がついてくる。それが私の体力を維持するための大事な要素だったんだと思う。この三年間はそれがなかったから、ひどいものです。駅の階段を登るだけでゼイゼイ言ってます。

もう一つは、気持ちの問題があります。アフリカ、それもコンゴのようなどぎつい国に行ってると、何が起こっても対応しなければいけないという緊張感がある。

三砂　それは体を動的にさせますよね。反応を素早くさせるというか。

食料は現地調達のときも。ナマズを釣る著者

伊谷　若い人たちがいるのでこれからはそういう人たちが頑張って何か面白いことを発見してくれたらそれに越したことはない。ただ、そういうことができる下地だけは作っていかなければいけないとは思っているんです。

三砂　いままで十分なフィールドワークをしてこられましたよね。思考を深

め、仮説を自分の頭の中で組み立てたりするだけの材料はたくさん持っていますね。

伊谷　十分とは言わないけど、何か言えるだけのものは持っているとは思うし、研究者である以上は自分の仮説を持つのは義務だと思っています。

家族を基盤とする人間社会

三砂　本当に最後にもう一つ、お聞きします。人間とは何か、との問いに、伊谷原一さんは家族を持つのが人間である、とおっしゃっていましたね。

伊谷　人間を社会学的に捉えようとすると、最小の社会単位は家族になる。持つとか持てるということではなく、家族という単位が基盤となって、いろいろな方向に発展しているのではないかということです。社会という視点で見たときに、個ではないというか。個は社会単位ではないということでもあります。

三砂　昨今、同性同士や血縁以外の家族もあっていいというような、家族の多様性が言われるようになってきましたが、それは今西さんたちが定義した「家族」とは違いますよね。

伊谷　そこはむずかしいのですが、現代の多様性は基盤があってこそ派生してきたものだと思うんです。われわれが導くのは生物の進化としての位置づけ、そもそも人間の最初の社会単位をどこに置くか、という話なんです。そこから時代の流れとともに、文明やいろいろな要素が入ってきて、多様化していくことはあるでしょう。同性の家族にしても、そうした基盤がなければあり得ない話です。一昔前なら、社会的に否定されていたわけですから。

三砂　先ほどのお話にあったように、生殖行動が生殖年齢を超えても続くというのも、人類が作ってきた文明から派生してきた特徴である。それと同じような意味で、進化論的に考えるということですね。

伊谷　現代社会の状況を進化であると呼ぶ人がいるのですが、私はそれを進化ではなく、ただ多様性への許容でしかないのではないかと思っています。

三砂　文明や文化といった人間が自ら生み出してきたものの中での多様化の一つであり、生物としての進化とは関係のない議論なのですね。人間が進化の途上でどんな存在であったかを見ることが、人間の本質である、とは言えますね。

伊谷　今ある社会は突然生まれたわけではありませんからね。どこかに基盤があり、淵源があってできてきている。知りたいのは、そこにある本質です。

三砂 わかってきた淵源が、このあたりである、という感じなのですね。ありがとうございました。

2016年バリにて、三砂（右）と伊谷（中央）、撮影・中村美穂／ANICAプロダクション

あとがき

古い友人である三砂ちづるさんから「対談がしたい」という申し入れがあった。以前から、彼女が霊長類学や人類学に興味をもっていることは知っていたので、研究分野が違えども面白い話になるかもしれないという予感はあったし、お断りするような理由もなかった。対談は、ちづるさんが私のこれまでの仕事について主に質問し、私がそれに答えるという形で進められた。ただ、私は私自身のことをあまり表に出したくなかったのだが、結局は書籍という形で発表することになった。

私はザイール（現コンゴ民主共和国）やタンザニアに三八年間通い続け、さまざまなフィールドワークを行ってきた。その合間に、いくつかのフィールド、研究施設、組織などの設立にも携わってきた。しかし、その巡礼の旅も幕を閉じるときが近づいている。本書を改めて読み返してみて、これまでの一コマひとこまが走馬灯のようによみがえってきた。同時に、私がいかに八方美人であるかを痛感せずにはおれない。いろいろなことに手を出してきたし、よくもまあ好き勝手に行動してきたものだ。それを宥恕してくれた周りの人たちには感謝しなければならないだろう。

本書で語られていることは、私の思いつきやかすかな記憶、仮説に依拠するため、間違いや矛盾が多くあることは認めざるを得ない。それに対するご批判やご叱責は素直に受け入れたいと思う。その一方で、一人でも多くの人が霊長類学や人類学の大きなテーマである、「ヒトとは何か?」という問いについて考えるきっかけになってくれればありがたい。とくに、ヒトの本質を問われるような現象が頻発する昨今、未来に向けてヒトとしてのあり方を千思万考することは不可欠である。

最後に、このような素晴らしい機会を作っていただいた三砂ちづるさん、そして本書の編集に辛抱強くお付き合いいただいた亜紀書房の足立恵美さんに心から御礼を申し上げたい。また、これまでの私のフィールドワークを支えてくれたすべての人びとへの感恩の気持ちをここに表したい。

伊谷原一

伊谷原一

いだに・げんいち

1957年愛知県犬山市生まれ、京都で育つ。霊長類学者、人類学者。京都大学野生動物研究センター センター長・教授 、霊長類学・ワイルドライフサイエンス・リーディング大学院プログラムコーディネーター 、野生動物研究センター熊本サンクチュアリ所長 、大型類人猿情報ネットワーク(GAIN)事業代表者などを経て、2023年4月からは京都大学特任教授、日本モンキーセンター所長、京都市動物園学術顧問を務める。ボノボ、チンパンジーなどの社会生態学的研究をはじめ、野生・飼育化双方の野生動物の生態と福祉もあわせて研究している。著書に『伊谷教授の特別講義「コンゴの森とボノボの生態」』のほか、伊谷純一郎『人類発祥の地を求めて』の編者も務める。

三砂ちづる

みさご・ちづる

1958年山口県生まれ。兵庫県西宮市で育つ。京都薬科大学卒業。ロンドン大学PhD(疫学)。作家、疫学者。津田塾大学多文化・国際協力学科教授。専門は疫学、母子保健。著書に、『オニババ化する女たち』『月の小屋』『死にゆく人のかたわらで』『女が女になること』『女に産土はいらない』『自分と他人の許し方、あるいは愛し方』『セルタンとリトラル』『ケアリング・ストーリー』など多数がある。訳書に『被抑圧者の教育学』など、編著に『赤ちゃんにおむつはいらない』、共著に『女子学生、渡辺京二に会いに行く』、『女子の遺伝子』(よしもとばななと)など。

ヒトはどこからきたのか

——サバンナと森の類人猿から

2023年4月6日　第1版第1刷発行

著者
伊谷原一、三砂ちづる

発行者
株式会社亜紀書房
〒101-0051
東京都千代田区神田神保町1-32
電話（03）5280-0261
振替00100-9-144037
https://www.akishobo.com

デザイン
三木俊一（文京図案室）

カバー絵
中島梨絵

DTP
山口良二

印刷・製本
株式会社トライ
https://www.try-sky.com

Printed in Japan
ISBN978-4-7505-1786-5 C0045